DISSERTATION
SUR
L'ÉTAT DU COMMERCE
DES ROMAINS.

Par M. BILHON.

Qui legitis flores, & humi naſcentia fraga,
Frigidus, ô pueri, cavete hic, latet anguis in herba.
VIRGIL. Buc. Ecl. III.

A PARIS,

Chez PLANCHE, Libraire, rue Neuve de Richelieu, près la Sorbonne.
ROYER, quai des Auguſtins.
GATTEY, au Palais Royal.

M. DCC. LXXXVIII.

Avec Approbation & Privilège du Roi.

AVIS DU LIBRAIRE.

De tous les Écrivains qui nous ont donné des notions ſur les Romains, aucun n'a, ce ſemble, développé en entier la partie la plus eſſentielle; celle des différentes variations du Commerce de cette République, dont on examine depuis ſi long-temps l'hiſtoire. Ce ſujet ſi important, dans un ſiècle où les lumières ſur l'antiquité ſe réfléchiſſent de toutes parts, a, pour ainsi dire, entraîné l'Auteur à l'analyser. C'est cette analyse que nous présentons aujourd'hui au Public : puisse-t-elle mériter sa sanction !

DISSERTATION
SUR
L'ETAT DU COMMERCE
DES ROMAINS.

CE Peuple, qu'on ne peut jamais quitter, dit Montesquieu, qui a laissé par-tout des monumens de sa gloire; les Romains, que la plupart des hommes n'envisagent que comme Conquérans, n'en connurent pas moins le Commerce: c'est le sujet de ma Dissertation; elle sera divisée en deux Parties. Je développerai, dans la premiere, son origine & ses progrès, depuis la fondation de Rome jusqu'à l'extinction de la République. En suivant l'histoire de ce même Commerce, je montrerai, dans la seconde, sa splendeur & sa décadence.

PREMIERE PARTIE.

Il eſt merveilleux, ſans doute, de voir une poignée de gens ruſtiques & même ſauvages (1), faire un pacte de famille, former les projets les plus hardis, & les exécuter avec autant de prudence que de courage ; ſe donner des loix, les obſerver fidélement, fonder enfin un Empire deſtiné à gouverner l'Univers. Si la fortune favoriſa toujours ces anciens Républicains (2), il faut avouer qu'ils ne ceſſèrent d'en

---

(1) Il en eſt des Peuples, dit un Ecrivain célèbre, comme des familles. On n'eſt pas encore bien d'accord ſur l'origine des Romains ; les uns les font deſcendre des Grecs ; d'autres, avec plus de probabilité, en font une colonie Troyenne. Voyez Tite-Live, L. 1 ; Polybe, L. 1 ; Strabon, L. 3 ; Plutarque, Vie de Romulus.

(2) On ſait que les Grecs étaient très-jaloux des Romains : c'eſt cette même jalouſie qui fit dire à un Auteur Grec, que l'élévation de la République était l'ouvrage, non pas des hommes, mais d'une fortune toujours égale & conſtante. « Quand une fois elle eut paſſé le Tibre, dit-il, » elle réſolut de s'établir à Rome ; elle mit bas ſes aîles ; » elle ôta ſa chauſſure, & quitta le globe, ſymbole de ſon » inſtabilité. Depuis ce tems-là, on a mis trophée ſur » trophée ; un triomphe en a toujours ſuivi immédiatement » un autre, &c ». On pourrait lui répondre, avec M.

être dignes. Auſſi ſobres que laborieux, ils ſurent allier à une bravoure qui tenait du prodige, une ſimplicité qui les faiſait reſpecter, même de leurs ennemis. La République, dans ſa naiſſance, annonça ce qu'elle ſerait un jour : une légiſlation admirable (3), des mœurs innocentes, une harmonie ſans exemple parmi les citoyens, une fidélité ſans tache dans les ſoldats, de grands talens dans les Chefs (4), tout enfin ſemblait lui aſſurer la conquête du monde entier.

Ce ne fut point cependant au Commerce, ce principe de la civiliſation des Nations les

---

l'Abbé Sallier, qui me fournit cet article, que les Romains furent heureux tout le tems qu'ils furent pauvres ; c'eſt-à-dire, vertueux. Mém. de l'Académie, tom. 6, p. 142.

(3) Les loix des douze Tables, dit Monteſquieu, ſont un modèle de préciſion : il fallait en effet qu'elles fuſſent ſimples & préciſes, puiſqu'au rapport de Cicéron, on les donnait aux enfans pour leçons, *ut carmen neceſſarium*. Cicéron, de Leg. L. 2 ; l'Eſprit des Loix, Tom. 2, L. 29, C. 16.

(4) Une des cauſes de ſa proſpérité, ajoute l'Auteur de la grandeur & de la décadence des Romains, c'eſt que ſes Rois furent tous de grands perſonnages. On ne trouve point ailleurs, dans les hiſtoires, une ſuite non interrompue de tels Hommes d'Etat & de tels Capitaines.

plus barbares, ce lien néceſſaire, qui, en attachant tous les hommes par l'intérêt & le beſoin, n'en forme qu'un peuple fait pour jouir des tréſors de la Nature ; ce ne fut point au Commerce, dis-je, que Rome dut ſes premiers accroiſſemens & les ſuccès de ſes armes : ſoldats & laboureurs tour-à-tour (5), les Romains n'eurent d'abord d'autre ambition que celle d'augmenter leurs conquêtes (6), de conſerver leur valeur, & cet eſprit militaire dont ils faiſaient leur premiere vertu.

Mais cette eſpece d'ignorance devait néceſſairement diſparaître chez un Peuple créateur, politique, imitateur de tout ce qui pouvait lui être avantageux (7), & à qui on ne pourrait re-

(5) Virgile, ſemble venir à l'appuï de mon aſſertion, lorſqu'il fait dire à Numanus :

At patiens operum, parvoque aſſueta juventus,
Aut raſtris terram domat aut quatit oppida bello.

Virgil. Eneid., L. 9, v. 616.

(6) Un Peuple pacifique attend la guerre ; un Peuple conquérant doit la porter dans les Provinces de ſes ennemis, dit l'Abbé de Mably dans ſes Obſervations ſur les Romains, Liv. V. Il aurait dû ajouter qu'un Peuple prudent & ſage, la prévient & ne la fait jamais.

(7) Les Romains avaient contracté une habitude qui ne leur ſervit pas peu à ſubjuguer l'univers ; ils prenaient tou-

procher, sans injustice, de n'avoir pas favorisé le Commerce, de l'avoir laissé dans le discrédit où Romulus l'avait jetté (8) : s'il regardait le trafic comme une occupation abjecte, il ne faisait que respecter l'intention du Législateur. Les Romains ne resterent pas long-tems sans sentir son utilité, puisqu'ils le firent exercer

jours chez leurs ennemis ce qu'ils y trouvaient d'utile; victoires, défaites, loix, usages, tout était mis à profit. Le témoignage suivant de Salluste, prouve le fait : « Neque » superbia obstabat quominus instituta aliena, si modo proba » erant, imitarentur majores nostri. Arma atque tela mili- » taria ab Samnitibus, insignia Magistratuum ab tuscis plera » que sumpserunt; postremò quod ubique apud socios aut » hostes idoneum videbatur, cum summo studio domi ex » sequebantur, imitari, quam invidere bonis, malebant. *Sall. in Bell. Cat.*

(8) Instruit par la nature, & à l'exemple de Lycurgue; Romulus défendit le commerce à ses sujets. Son dessein étant de former une nation guerriere, il mit dans la même classe les Marchands & les ouvriers, & ne permit le négoce qu'aux Esclaves; de sorte que chaque particulier, chaque personne libre, avait dans sa maison des gens de toutes sortes de professions & de métiers. Mais comme on ne tarda pas à s'appercevoir que ces Esclaves étaient ou ignorans, ou peu fidéles, on permit dans la suite l'exercice du commerce & des arts aux Citoyens. *Voyez* Terrasson, Histoire de la Jurisprudence romaine, Part. 1, § VI; Denis d'Halicarnasse, L. II.

chez eux par leurs esclaves, & souvent par des affranchis, *institores* (9); qu'ils établirent un College de Marchands, *Collegium Mercuriale* (10), & que par des traités passés entre

(9) Quoique l'exercice du commerce eût été permis aux Citoyens, ainsi que je viens de le faire observer, on distinguait cependant les Négocians, *Negociatores magnarii*; des Marchands en détail, *Mercatores*, *Propolæ*, *Arillatores*. Il paraît même que cette distinction exista long-tems. Cicéron, *de Officiis*, L. I, C. 42, pense que les premiers sont susceptibles d'éloges: *Si satiati quæstu, vel contenti potius, ut sæpe ex alto in portum sic ex ipso portu se in agros possessiones que receperint.* Mais il trouve vile la profession des derniers. *Sordidi etiam putandi qui mercantur à mercatoribus quod statim vendant. Nihil enim proficiunt, nisi admodum mentiantur. Nec verò quidquam est turpius vanitate.* Enfin le peu de cas que l'on faisait à Rome des Marchands en détail, était cause que les Négocians faisaient tenir leurs boutiques par des Esclaves, des Affranchis, rarement par des personnes libres. Ceux à qui le Commerçant confiait le soin de son négoce, étaient appellés *Institores*, parce que *negotio gerendo instabant*; & quoiqu'il ne parût point se mêler de son commerce, il était obligé de ratifier tout ce qu'ils faisaient. Terrasson, *ibidem*, Part. II, § VIII.

(10) Le Collège des Marchands, fut institué l'an 259 de Rome, & fut dédié à Mercure, comme Protecteur du Commerce. Mais ce Collège pouvait bien se rapporter dans sa première institution, au commerce qui se faisait au dedans

Rome & Carthage (11), ils obtinrent plusieurs priviléges de commerce. Ainsi, sous quelques

---

de Rome, par le moyen des Foires qu'on y avait établies, & qui se tenaient de neuf jours en neuf jours, comme le pense Huet, & s'être étendu ensuite au dehors à mesure que la domination des Romains prenait son accroissement. Au reste, on peut voir ce qu'en dit Terrasson (*supra dicto loco*); Huet, Histoire du Commerce & de la Navigation, ch. 46 & 61.

(11) M. le Chevalier d'Arcq, dans son Histoire du Commerce, semble ne pas ajouter foi à ces traités. « Les » Carthaginois, dit-il, en possession d'une grande partie » de la Sicile & de toute la Sardaigne, par conséquent » voisins de l'Italie, étaient presque toujours en guerre » contre les Tyrrhéniens, & autres petits Peuples. Il était » de leur intérêt de se faire un allié du Peuple Romain. » Carthage promit de n'attaquer aucune nation de l'Italie, » sur laquelle les Romains formaient des prétentions, » parce que Carthage aspirait moins à conquérir des terres, » qu'à se rendre maîtresse absolue de la mer. Par le même » traité, elle accorda des priviléges de commerce; c'était » une dérision. Rome n'avait point de marine, & Carthage » savait bien qu'elle n'était pas disposée à faire usage de ces » prérogatives, &c. ». Quoique les raisons que donne cet Ecrivain, soient persuasives, il paraît qu'elles ne sont pas tout-à-fait victorieuses. Les Romains, à la vérité, n'avaient point de marine, mais ils savaient emprunter celles de leurs voisins, particulièrement des Argilliens, qu'ils nommaient Cœrites, qui étaient, à cette époque, puissans sur la

rapports que j'envisage cette République naissante, je vois par-tout la fermentation du génie. D'ailleurs, leur attachement pour l'Agriculture, source vive de la population, leur procurait un négoce (12) qui les faisait jouir d'un double avantage, celui d'en recueillir le bénéfice sans être exposés à en courir les dangers. Il est vrai que la Nature les appellait de préférence au Commerce maritime, par la situation de leur territoire, qui confinait à la mer, & que l'exemple des peuples de leur voisinage (13)

---

mer. Or, s'ils pouvaient disposer des vaisseaux de leurs alliés, comme l'a très-bien demontré M. Fréret dans une dissertation insérée dans les Mémoires de l'Académie, ils pouvaient aussi commercer dans les Isles voisines de l'Italie, traiter sérieusement avec les Carthaginois, & obtenir des priviléges de commerce. Voyez Polybe, L. 5; Denis d'Halycarnasse, L. 7; Mémoires de l'Académie, tom. 18, p. 109; & l'Histoire du Commerce, par M. le Chevalier d'Arcq.

» Par-tout où il y a des mœurs douces, dit Montesquieu, il y a du commerce. » Il y en avait donc à Rome, puisque, selon le même Auteur, l'Agriculture y rendait les mœurs admirables. Voyez l'Esprit des Loix, Tom. 2, L. 20, ch. 1, & L. 19, ch. 24.

(13) Les anciens habitans de l'Italie avaient su profiter de l'heureuse situation de leur territoire pour agrandir leur puissance & leur commerce. On sait que les Tyrrhé-

semblait les y soliciter; mais si on examine les guerres continuelles que Rome fut obligée de soutenir contre ces mêmes peuples, pour jetter plus solidement les fondemens de sa grandeur, on ne sera pas étonné de voir Romulus & ses enfans chasser tous les Arts, hors ceux du labourage & de la guerre, persuadés, ainsi que les Spartiates, qu'il est une autre Puissance qui doit précéder celle du Commerce, & lui servir de base.

Ce ne fut qu'à l'époque de la premier guerre punique, que la mer fixa entièrement l'attention des Romains (14). Contens de soumettre & de

---

niens furent long-tems les dominateurs de la Méditerranée. Les Tarentins s'étaient aussi signalés sur la mer, avec d'autant plus de succès, que, s'il faut en croire quelques Historiens, c'est à eux que nous devons l'envention des radeaux, appellés dans leur principe ratiaires. Les Spinétes ne s'étaient pas moins rendus puissans par leurs navigations, de même que les Liburniens, leurs voisins, inventeurs, au rapport d'Eustathius, de certains vaisseaux qui portèrent leurs noms.

(14) Quoique les Romains eussent à leur disposition les vaisseaux de leurs alliés, comme on l'a vu ci-dessus, ils ne commencèrent cependant à avoir une marine à eux que vers le tems de la première guerre punique; ce qui paraît d'abord contradictoire avec ce que rapportent quelques

réunir à leur domination les ennemis qui leur faisaient ombrage, ils n'avaient osé, sans crainte de s'exposer à perdre le fruit de leurs conquêtes, porter leurs armes victorieuses chez des Peuples riches, belliqueux, leurs supérieurs & leurs maîtres en fait de politique, & dont ils

---

Auteurs modernes, qui veulent que les Romains ayent, non-seulement connu la mer avant cette époque, mais qu'ils se soient adonnés à la piraterie. Oserai-je développer mon opinion? Je vois d'abord des traités passés dès les premiers tems de la République, par lesquels il est stipulé comment & jusqu'à quel point les Romains pourront commercer dans les Isles voisines de l'Italie. Ces traités sont rapportés en entier par Polybe, qui assure, d'un autre côté, que les Romains étaient si peu marins, qu'ils faisaient ramer leurs Matelots sur terre, afin qu'ils ne fussent pas embarrassés sur l'eau. De toutes ces contradictions, il naît une probabilité : non-seulement les Romains se servaient des galères de leurs voisins, mais ils se servaient encore de leurs matelots : par conséquent, sans être marins, sans en avoir même l'envie, ils jouissaient de tous les avantages que procure le commerce maritime. Les ennemis qu'ils eurent à combattre sur leur territoire, ne leur permirent pas de songer à faire construire des vaisseaux; ce ne fut que lorsqu'ils eurent soumis les Peuples dont ils redoutaient la jalousie & le courage, qu'ils s'adonnèrent totalement à la navigation. Voyez Polybe, L. 1, ch. 4; Huet, Hist. du Com. & de la Navig. ch. 21.

avaient tout à redouter (15), ni se fier à un élément qu'ils ne connaissaient point encore. L'Italie n'offrait cependant plus rien qui fût digne de leur ambition & de leur courage. Ap-

---

(15) Les Gaulois étaient certainement les ennemis les plus redoutables des Romains : lorsqu'ils armaient ou qu'ils menaçaient Rome, les privilèges cessaient dans cette Capitale. Tout âge, toute condition devait prendre les armes pour la défense de la patrie : *pro salute, non pro gloria*. C'est, je crois, faire le plus bel éloge de leur courage, que de dire que Rome les eut pour maîtres. Ils faisaient de la guerre une étude particulière; ce qui leur donnait une supériorité sur tous les autres Peuples. *Ammien Marcellin* rapporte que les Philosophes les plus célèbres de la Grèce, venaient puiser chez eux les connaissances & les lumières qu'ils ne trouvaient point ailleurs. Il paraît aussi que les Gaulois ne négligeaient point le commerce ; César nous l'apprend dans ses Commentaires : *Deum maximè mercurium colunt, hujus sunt plurima simulachra, hunc omnium inventorem artium ferunt, hunc viarum, atque itinerum ducem. Hunc ad quæstus pecuniæ mercaturasque habere vim maximam arbitrantur. Post hunc Apollinem, & Martem & Jovem, & Minervam.* Et s'il faut ajouter foi à Diodore de Sicile, les Gaulois l'emportaient sur les Carthaginois, puisqu'ils leur enlevèrent le commerce de l'étain qu'ils tiraient des Isles Cassithérides. D'ailleurs, les revenus des Cités des Gaules, ne consistaient que dans les droits de Douane & autres impôts de cette nature, qu'on percevait sur les marchandises; ce qui ne permet pas de douter que le

pellés au secours des Mamertins, les aigles parurent pour la premiere fois sur la plaine liquide, & les Carthaginois, depuis long-tems dominateurs des mers, ne tarderent pas à voir paraître des concurrens, jusqu'alors ignorés.

C'est ici, sans doute, le commencement de la puissance des Romains ; l'Univers va retentir du bruit de leurs exploits maritimes ; leur commerce, compté pour rien jusqu'à ce moment, va prendre un nouvel essor ; Rome va devenir le magasin & le rendez-vous général des Nations, comme on le verra bientôt : qu'il me soit permis auparavant de donner une faible idée de cette République, si long-tems rivale du Capitole, & dont la ruine fut malheureusement le triste présage de la décadence de ses vainqueurs.

Carthage semblait avoir été bâtie pour une Nation commerçante ; elle réunissait à une contrée fertile, une situation des plus heureuses, & un Port admirable (16). Ses habitans, indus-

---

commerce n'y fut très-florissant. Voyez *les Comment. de César, L. VI ; Amm. Marcel. L. XV, p.* 50 & 51 ; *Clém. Alex. Strom. L. I, p.* 304 & 305 ; *Mém. de l'Académie, tom. XV, p.* 8 ; *Strabon, L. IV, p.* 239.

(16) J'invite mes Lecteurs à voir la description que fait Appien de la Ville de Carthage ; elle m'a paru la

rieux, avides de richesses, issus d'un peuple navigateur, qui leur avait transmis ses connaissances maritimes, profiterent de tous ces avantages; ils devinrent Commerçans, s'enrichirent, formerent des établissemens sous les deux hémispheres (17), & auraient fini peut-être par jouir

plus exacte & la mieux détaillée. *Appien de Bell. Pun.*, *p.* 56 & 57.

(17) Je ne prétends pas cependant adopter l'opinion de quelques critiques modernes, qui assurent que les Carthaginois avaient établi un commerce en Amérique. Ils se fondent sur un passage de Diodore, que je transcrirai ici. « Africam versus per magna quædam insula in vasto » oceani pelago jacet, complurium navigatione dierum à » Libya in occasum declinans. Hæc insula à mænitate » excellit. Amnes enim per illam navigabiles decurrunt, » à quibus humectatur. Frequentes ibi paradisi, variis » arboribus consiti: pomariaque innumera dulcibus aquis » intersecta. Villæ etiam sumptuosis ædificiis exornatæ, & » tabernæ in hortis compotoriæ florido passim dispositu » occursant. Hic cum terra ad voluptates & delitias com- » moda largè subministret, æstivo tempore diversantur. » Montana regio crebros & amplos habet. Saltus variaque » arborum fructuosarum genera convalles etiam & fontes, » ad montanas vitæ recreationes idoneos, passim exhibet. » Imò tota hæc insula dulcis aquæ scaturiginibus irrigatur; » unde non jucunda tantum, illic degentibus voluptas » oboritur, sed multum quoque ad sanitatem & robur » emolumenti confertur. Venatio illic omnis generis fera-

du privilege exclusif du Commerce, si leur mauvaise foi & leur ingratitude, suite funeste de la

---

» rum suppetit : quarum in conviviis copia nihil ad delicias » & sumtus reliquum facit. Ad hæc piscibus abundat mare, » insulam hanc alluens. Quoniam oceanus naturâ suâ ubi- » que vario piscium genere scatet. Mitissima tandem æris » illic temperies est qui facit, ut majore anni parte fructus » arborum, & id genus alia venusta & jucunda, prove- » niant. Tanta denique felicitate excellit, ut deorum non » hominum habitaculum esse videatur. Olim propter re- » motiorem à reliquo terrarum orbe situm, incognita fuit : » sed hac tandem occasione reperta. Phenices a vetustissi- » mis inde temporibus frequenter crebras mercaturæ » gratiâ navigationes instituerunt. Quo factum ut multarum » in Africa coloniarum ; nec pacuarum in his Europæ » partibus, quæ ad occidentem vergunt, auctores fierent. » Cumque incepta ex animi sententia cederent, magnis » ditati opibus, extra quoque Columnas Herculis, in » mare, quod oceani nomen habet, excurrerunt. Hac igitur » ratione Phenices investigata ultra columnas orâ, cum » Africæ littora legerent, ventorum procellis ad longin- » quos in oceano tractus sunt abrepti. Per multos tandem » dies vi tempestatis ad insulam, (de qua jam dictum) » appulerunt. Naturamque ejus & felicitatem, à se pri- » mitus cognitam, in aliorum deindè notitiam perduxe- » runt. Ideò Tyrrheni quoque maris imperium adepti, » coloniam eo destinarunt. Sed Carthaginenses illis obsti- » terunt. Simul enim metuebant, ne plurimi civium » suorum bonitate insulæ allecti, eo commigrarent. Simul » etiam contra subitos fortunæ casus si exitiosum Respublica

cupidité (18), du luxe & de la dépravation, n'avaient soulevé les Nations dont ils étaient les agens; & ce qui est plus surprenant encore, leurs propres sujets (19). S'ils avaient si peu de

---

» Carthaginensium forte damnum acciperet, refugium sibi » paratum esse volebant. Nam se maris adhuc potentes » in insulam victoribus ignotam cum universis familiis » transmigrare posse confidebant ».

Ceci ressemble parfaitement à l'Amérique : on ne peut s'empêcher de la reconnaître à ce rapport de Diodore, qui est infiniment plus concluant que tout ce que dit Platon de l'Isle Atlantide. On ne niera jamais que les anciens aient découvert l'Amérique; tout le prouve; mais qu'ils y ayent établi un commerce réglé, c'est ce dont il est permis de douter encore. Voyez *Diodore*, *L. V*, *p.* 299.

(18) *Nec ullum habet malum cupiditas majus, quam quod ingrata est.* Sénèque, Lett. 73.

(19) Ce qui causa en partie la ruine des Carthaginois, fut non-seulement le luxe dans lequel ils étaient plongés, & qui les faisait détester des Nations, mais encore les troupes auxiliaires dont ils ne pouvaient se passer, & auxquelles ils confiaient le salut de l'Etat. Au moindre signal de combat, Carthage pouvait mettre sur pied des armées nombreuses, mais non pas invincibles. C'était un ramas de Soldats mercénaires, sans mœurs, sans discipline, qui ne craignaient point de tourner leurs armes contre ceux dont ils avaient pris la défense, lorsqu'ils ne recevaient point la récompense qu'ils s'imaginaient leur être dûe. Riches par le commerce, les Carthaginois voulurent, avec des armes

politique & de ménagement, c'eſt qu'ils croyaient leur autorité ſans bornes (20). Poſſeſſeurs de l'empire des mers, jouiſſant de tous les plaiſirs que leurs richeſſes prodiguaient à leurs ſenſualités, indifférens pour le bien public, ils ne voyaient dans les autres peuples que des eſclaves faits pour fléchir ſous le poids de leur domination & de leur tyrannie.

Les Romains leur parurent d'abord des ennemis peu redoutables ; accoutumés à voir la mer couverte de leurs vaiſſeaux, perſuadés de plus de cette maxime politique ſi connue de nos jours, que qui eſt le maître de la mer, eſt le maître du monde ; les Carthaginois devaient-ils craindre en effet une puiſſance qui s'élevait à

---

d'emprunt, ſe donner le titre de conquérans. La perte d'une bataille, n'était, pour eux, qu'une perte aiſée à réparer ; cependant toutes leurs richeſſes ne pouvâient les empêcher de craindre toujours pour leurs propres foyers. On connaît la hardieſſe d'Agathocles, qui, étant aſſiégé dans Siracuſe, par une armée Carthaginoiſe, porta lui-même la terreur juſques ſous les murs de Carthage. *Diodore*, *L.* 10, *p.* 747. *Juſtin*, *L.* 22, *C.* 4.

(20) « L'Empire de la mer, dit Monteſquieu, a toujours » donné, aux peuples qui l'ont poſſédé, une fierté naturelle ; parce que, ſe ſentant capables d'inſulter par-tout, » ils croyent que leur pouvoir n'a pas plus de bornes que » l'Océan. *L'Eſprit des Loix*, *L.* 19, *c.* 27 ».

la

nombre des chaumieres qui la composaient; devaient-ils craindre, dis-je, une puissance qui faisait du labourage l'unique objet de son attention, & qui ignorait jusques aux principes de la navigation? Leur sécurité, au bruit de ses exploits, ne justifie que trop leur présomption & leur orgueil; mais ils connurent bientôt ce que pouvait un peuple guerrier, laborieux, tempérant, dont les défaites ranimaient le courage, gouverné par des Chefs habiles, & plein de ce zéle patriotique qui, seul, forme les véritables ressources d'un Etat (21).

Pour éviter les détails superflus, je ne ferai point l'histoire des guerres puniques; je rappellerai seulement celles qui ont quelques rapports au sujet que je traite.

Rome ne pouvait voir sans inquiétude la gloire

---

(21) Ne semble-t-il pas que Virgile ait voulu parler des Romains de ce tems-là, lorsqu'il a fait chanter à son oracle :

> Excudent alii spirantia molliùs æra ;
> Credo equidem, vivos ducent de marmore vultus :
> Orabunt causas meliùs, cœlique meatus
> Describent radio, & surgentia sidera dicent :
> Tu regere imperio populos, Romane, memento
> (Hæ tibi erunt artes) pacisque imponere morem :
> Parcere subjectis, & debellare superbos.
>
> ENEID. *Liv. VI. V.* 848.

& les prospérités de sa rivale. Si elle opposait au luxe & à la corruption des Carthaginois, sa frugalité & la sagesse de ses loix (22), pouvait-elle résister à la marine formidable dont ils se servaient pour humilier les Nations qui osaient les braver? Quelque puissante qu'elle fût déja, elle voyait combien il lui serait difficile de conserver les possessions qu'elle s'était acquises

---

(22) On me demandera peut-être pourquoi ces loix, si sages, si vigilantes, n'empêcherent-elles point les Romains de se corrompre? Je réponds à cela, que si les Romains n'avaient point eu l'ambition de subjuguer le monde entier, il est certain que les loix des douze Tables auraient toujours rendu leur République heureuse & florissante; mais l'envie de donner des loix à leurs voisins leur fit bientôt transgresser les leurs. Il en fallait des nouvelles pour rendre leur bonheur durable. Un Peuple qui a des forces supérieures, a besoin de plus de précaution & de loix qu'une autre, pour ne pas s'écarter des règles, comme l'observe très-bien l'Abbé de Mably. Il ne suffit pas au Législateur de connaître la suite prochaine qu'il se propose par ses loix; il doit découvrir les fins les plus éloignées; car une route, d'abord agréable & fleurie, peut conduire à un précipice. C'est précisément ce qui arriva aux Romains. Leurs triomphes les éblouit au point qu'ils préférèrent une gloire momentanée à un bonheur éternel. Plus leur puissance prenait des accroissemens, plus les vices se multiplioient chez eux; & la négligence qu'ils mirent à les extirper par des nouvelles loix, les rendit les artisans de leur ruine.

par la force de ses armes, & d'étendre son commerce, qui, nonobstant les traités passés avec Carthage, & l'alliance des Cœrites (23), était toujours renfermé dans l'intérieur de l'Italie, & borné à la vente, & plus souvent à l'échange des denrées que produisait son territoire (24), & que

---

(23) *Tite-Live*, *l.* 7 *p.* 20, *& l.* 9, *p.* 36, remarque que les Cœrites furent presque toujours unis aux Romains, & ne fait mention que d'une seule brouillerie qui ne dura pas long-tems.

(24) Chez tous les Peuples du monde, les permutations d'espèces existèrent avant l'usage des deniers. Le commerce consistait en un échange réciproque, qui se faisait en nature ; c'est-à-dire, qu'une certaine quantité de marchandises équivalait à une certaine quantite d'une autre. Les premiers Romains commercerent de cette manière : Les tribus rurales, quoique toutes composées des principaux Citoyens, avaient certainement besoin des tribus urbaines qui leur fournissaient des habits & des outils, & celles-ci ne pouvaient absolument se passer des tribus rustiques qui les nourrissaient & les défendaient. D'ailleurs, on cherchait moins à évaluer la matière de ces échanges, qu'à s'en aider réciproquement. Par ce moyen, tous les hommes étaient égaux, & chacun, par son travail & son industrie, se procurait les denrées qu'il n'avait point. Ce ne fut que sous le regne de Servius Tullius, qu'on commença à battre monnoie à Rome ; encore fut-elle de cuivre. Voyez *Pline*, L. XXXXIII, ch. III ; *Pausanias*, tom. I. L. III.

les gens de la campagne avaient ſoin d'apporter les jours de foires & de marchés (25). La Sicile, cette iſle du Soleil (26), que Caton appellait à ſi juſte titre le grenier de la République, & la nourrice du peuple Romain, préſentait au Sénat, par ſa conquête, les avantages les plus conſidérables, mais en même tems les obſtacles les plus difficiles à ſurmonter. Animés par l'envie, & aidés de leurs alliés, qui minaient ſourdement l'empire maritime, les Romains volent cependant au

---

(25) Voyez la note (8).

(26) La Sicile était, & eſt toujours la plus conſidérable des iſles de la Méditerranée, tant par ſon étendue que par ſa fertilité. Elle a porté pluſieurs noms. On la nomma d'abord l'iſle du Soleil & la terre des Cyclopes. Elle fut enſuite appelée Trinacrie, à cauſe de ſes trois promontoires qui lui donnent la forme d'un triangle. Les Romains, par la même raiſon, la nommerent *Triquetra*. Les Sicaniens, qui s'y établirent, lui firent porter le nom de Sicanie. Enfin les Siciliens lui donnerent celui qu'elle porte. Elle paſſait pour le meilleur pays du monde connu. *Cicéron*, en parlant de cette Iſle, ne pouvait s'empêcher de dire : *c'eſt elle qui nous nourrit tous : itaque ille M. Cato ſapiens*, ajoute cet Orateur, *cellam penariam reipublicæ noſtræ nutricem plebis Romanæ Siciliam nominavit.* Cicéron *in verrem*, L. II. Voyez auſſi *Diodore*, L. V, p. 286 ; *Thucydides*, L. VI, p. 411.

secours de Messine (27), remportent une victoire complette sur leurs nouveaux ennemis, poussent leurs conquêtes jusqu'à Syracuse, & forcent Hiéron (28), le guerrier le plus politique & le plus magnanime de son tems, à demander la paix, que les circonstances lui firent obtenir (29).

---

(27) *Polybe*, L. I, ch. II, nous assure, en termes exprès, que ce fut la première expédition des Romains hors de l'Italie : il nous la donne même comme une preuve certaine de leur bonne politique. Voyez *Florus*, L. II, ch. II.

(28) Si les Romains parvinrent à renverser Carthage, ils le durent en partie à Hiéron, qui ne cessa de les prévenir dans leurs besoins, & de les secourir, même gratuitement, de vivres & d'argent dans les tems les plus orageux de la République. On sait de quelle utilité fut pour eux le secours qu'il leur envoya après la bataille de Cannes ; car, à cette époque, leur commerce était détruit. Mais, pour se former une juste idée des vertus qui caractérisaient ce Monarque, il faut voir l'éloge qu'en fait *Polybe*, L. I, § III.

(29) Les conditions proposées par le Sénat, étaient qu'Hiéron rendrait les Prisonniers sans rançon, qu'il donnerait cent talens ; moyennant quoi on lui promettait de le reconnaître pour ami & allié de la République, & on consentait qu'il gardât Syracuse, Acres, Leontium, Elore, Néatine & Tauromenium. Ces articles furent approuvés par Hiéron, & par le Sénat, qui concevait très-bien,

Les succès du Consul Appius-Claudius, furent le premier signal qui, en appellant les Romains à la navigation, ranima l'ardeur des Négocians, qui commençaient à connaître le prix de l'argent (30), & la valeur de quelques marchandises nouvelles. On fit de meilleures spéculations; l'intelligence se développa par le besoin même. Il y eut des Traités conclus, des corres-

---

qu'ayant la guerre en Sicile, rien n'était plus avantageux pour lui que d'avoir dans ses intérêts le Roi de Syracuse. Voyez *Diodore*, p. 875; *Polybe*, L. I, ch. III.

(30) Pline, L. XXXIII, ch. III, prétend, avec plusieurs Historiens, qu'avant l'arrivée de Pyrrhus en Italie, on ne connaissait à Rome d'autres monnoies que les as d'airain, pesant une livre chaque. Ce n'est pas que les Romains n'estimassent beaucoup l'or & l'argent qui avaient cours chez eux comme marchandises; ils n'avaient pas encore adopté ces métaux pour monnoie. Ce ne fut que sous le consulat de Quintus Fabius, cinq ans avant la première guerre punique, qu'on fit battre monnoie d'argent. Il fut ordonné en même-tems, que le denier d'argent serait pris pour dix livres d'airain, & le demi-denier, appellé quinaire, pour cinq. On ne fit usage de l'or monnoyé que 62 ans après; c'est-à-dire, l'an 546 de la fondation de Rome. Voyez Pline (*loco citato*). On trouvera encore, dans les Mémoires de l'Académie, tom. 28, une Dissertation par M. Dupuy, sur l'état de la monnoie Romaine, depuis son origine jusqu'au regne de Constantin.

pondances établies (31) ; il ne s'agissait plus que d'avoir une marine pour protéger leur commerce naissant. La fortune seconda leur ambition agissante ; dans l'espace de deux mois, cent vingt navires construits sur le modèle d'une galere Carthaginoise (32), que la tempête avait fait

(31) Polybe, L. I, ch. III & IV.

(32) J'adopte ici l'opinion des Historiens les plus dignes de foi, qui assurent que ce fut sur le modèle d'une trirème Carthaginoise, échouée sur les côtes d'Italie, que les Romains fabriquèrent leurs vaisseaux. Ils étaient en effet trop bons politiques pour ne pas comprendre qu'ils ne pourraient jamais réduire les villes maritimes de la Sicile & en chasser les Carthaginois, tant qu'ils n'auraient point de flottes à leur opposer. Ils songèrent donc à en construire une, pour leur disputer l'Empire de la mer. Jusqu'alors, ils n'avaient navigé qu'avec des vaisseaux empruntés, ainsi que je l'ai déja observé ; ils n'avaient aucun Matelot ; & il n'y avait jamais eu, chez eux, de Charpentiers qui eussent travaillé à ce genre d'ouvrage : leur industrie suppléa à tout. On travailla avec tant d'ardeur, que dans l'espace de deux mois, on construisit cent galères à cinq rangs de rames, & vingt à trois rangs. Leurs vaisseaux ne pouvaient qu'être très-grossièrement construits, comme on se le persuade aisément ; ils le furent même long-tems ; car on lit, que, dans la guerre que les Romains eurent contre Antiochus, ils étaient encore fort ignorans dans cette fabrique.

échouer sur leurs côtes, sortirent du Port d'Ostie; & malgré leur pesanteur & l'ignorance des Pilotes, ne laissèrent pas d'ajouter à leurs triomphes.

Peut-on ne pas être saisi d'admiration, en voyant la conduite de ces Républicains infatigables? Que de difficultés n'eurent-ils pas à vaincre, pour former une marine capable de résister à des ennemis d'autant plus dangereux pour eux, qu'ils tenaient depuis long-tems l'empire maritime! Il fallait toute leur constance & leur courage, pour ne leur point faire abandonner un élément dont ils auraient dû, ce me semble, s'éloigner à jamais: mais ils savaient se corriger, & rien n'arrêtait leurs marches. C. Cornélius se laisse-t-il surprendre dans le Port de Messine, Duillius, par son habileté, répare la faute de son collègue, & va recevoir à Rome l'honneur du triomphe naval (33). Tantôt victorieux, tantôt vaincus, s'ils étendirent leurs conquêtes & leur commerce, & s'ils jouirent des douceurs de la navigation, ils en éprouvèrent aussi toutes les horreurs.

(33) Polybe nous a conservé le détail intéressant de cette victoire & de ce triomphe. On peut voir aussi ce qu'en dit Eutrope, L. III; Polybe, L. I, p. 23 & 24.

La victoire remportée par Lutatius aux isles Ægades, termina enfin cette guerre. Par le Traité de paix passé avec Carthage, Rome fut en possession de toute la Sicile, à l'exception du petit Royaume d'Hiéron. Le Sénat y envoya un Préteur pour y faire observer la législation Romaine, un Questeur pour recueillir les tributs; on leva, outre cela, des droits casuels sur les campagnes, & on mit des impositions sur les marchandises qui entraient dans les Ports, ou qui en sortaient (34).

Tous ces avantages firent oublier aux Romains les pertes qu'ils venaient d'essuyer; la conquête de la Sicile leur inspira plus de goût pour le Commerce. Messine & Lilybée devinrent leurs comptoirs; Syracuse leur ouvrit ses ports: Rome vit ses greniers remplis des productions de cette isle fertile (35), & ne tarda pas à rece-

(34) Tels étaient, chez les Romains, les droits d'entrée que les Syracusains leur payaient, & qui consistaient dans un vingtième. C'est ce que nous apprend Cicéron. *His exportationibus quæ recitatæ sunt, scribit H. S. S.* LX, *socios perdidisse ex vicesima portorii Syracusis.* Cicéron *in verrem*, L. II. Ils levaient outre cela des subsides extraordinaires, suivant leurs besoins.

(35) Outre le bled que les Romains tiraient de la Sicile, cette Isle leur fournissait encore des cuirs & des toiles;

voir celles de la Sardaigne (36), qui lui procurent, à leur tour, celles de l'Espagne, consistantes en métaux, bleds, vins, miel, cire,

---

nam sine ullo sumptu nostro, dit Cicéron, *in verrem*, *l. II*, *coriis*, *tunicis*, *frumentoque suppeditato maximos exercitus nostros vestivit*, *aluit*, *armavit*.

(36) Les affaires de la Sicile étaient à peine terminées, que Rome se vit en possession de la Sardaigne, soumise aux Carthaginois, dont la domination était par-tout odieuse. Les habitans de cette Isle s'étant révoltés, l'offrirent aux Romains, qui ne la gardèrent d'abord qu'à titre de précaires, selon leur coutume; mais les avantages qu'ils y trouvèrent, relativement au commerce qu'ils avaient avec les Espagnols, les portèrent à forcer les Carthaginois à la leur céder par un traité formel. Cette conduite, condamnée par tous les Historiens, est une preuve frappante que les Romains n'étaient plus si attachés à leurs premiers principes, & qu'ils commençaient à mettre en pratique la loi du plus fort.

Cependant, s'il faut en croire Polybe, les Négocians Romains qui se rendaient en Afrique, causèrent seuls la perte de la Sardaigne aux Carthaginois, qui voulaient les empêcher de vendre des denrées à leurs ennemis; ce qui donne lieu de penser que les Romains n'attendirent pas que Carthage fût renversée pour commercer avec les Africains, comme quelques Ecrivains ont voulu le persuader; ce commerce ne fut réglé, à la vérité, qu'après la ruine de cette Ville & de Corinthe, qui le firent passer à Utique & à Deslos. Voyez *Tite-Live*, *Polybe*, L. I, ch. XVIII; l'Hydrographie de *Fournier*, L. V. ch. XVIII.

poix, vermillon, écarlates, laines & toiles fines, dont les Romains firent un commerce qui devint dans la ſuite très-conſidérable.

Leur Marine ſe perfectionnait tous les jours; & le négoce, en devenant un des objets de la politique, perdait inſenſiblement cet opprobre qui y était attaché (37). Les citoyens, à l'exemple des Carthaginois, l'exercèrent ouvertement; la loi n'affectait plus que les Sénateurs (38), qui, ſous les dehors de la plus ſcrupuleuſe délicateſſe, la tranſgreſſèrent, dans la ſuite, plus d'une fois : le Sénat devint même le protecteur du Commerce. Les Illyriens ſe permettent-ils des hoſtilités contre les vaiſſeaux Marchands de la République & de ſes alliés, il en demande raiſon à Teuta, qui perd, par ſa réponſe, la majeure partie de ſes Etats, & n'a d'autre eſpoir

---

(37) Voyez la note (6).

(38) Par une loi donnée par Q. Claudius, Tribun du peuple, l'an 364 de Rome, il était défendu aux Sénateurs d'avoir ſur mer un navire qui contînt plus de trois cents meſures, c'eſt-à-dire, au-delà des proviſions qui leur étaient néceſſaires. Ce réglement qui ſemble manifeſter la fraude que ſe permettaient les Chefs même de la République, avait eu le ſort de beaucoup d'autres : celui d'être reçu avec joie, & d'être oublié de même. *Tite-Live*, L. XXI. *Syntagma juris univerſi.* L. XIX. ch. X.

que celui de faire la paix à des conditions onéreuses (39).

Après avoir purgé la mer des Pirates qui l'infestaient, les Romains soumirent encore à leur domination quantité de Peuples, dont ils se servirent, suivant leur coutume ordinaire, pour enchaîner le reste de l'Univers (40), & agran-

(39) Les Illyriens, peuple qui habitait la côte orientale du golfe Adriatique, ne connaissaient d'autres métiers que le brigandage. Les plaintes que le Sénat recevait journellement de leurs vexations, lui firent dépêcher des Ambassadeurs à Teuta, leur Reine, pour la prier, au nom de la République, de réprimer les pirateries de ses sujets ; mais la fierté Romaine ayant choqué l'humeur farouche de Teuta, cette Princesse fit mettre à mort un des Ambassadeurs qu'elle crut lui avoir manqué de respect. Les Romains ne tardèrent pas à se venger de cette atrocité ; ils déclarèrent la guerre à Teuta, & l'obligèrent à demander la paix, qui lui fut accordée à des conditions très-dures. Elle se soumit à leur payer tribut, à abandonner toute l'Illyrie, à la réserve de quelques places sur la côte ; à ne mettre en mer que deux brigantins désarmés, & à ne point naviger au-delà de la Ville de Lissus, voisine de Dyrrachium, sur les frontières de la Macédoine. Polybe, L. II., ch. II ; Florus, L. II, ch. V.

(40) Rome se servait des alliés, dit Montesquieu, pour faire la guerre à un ennemi, mais d'abord on détruisait les destructeurs ; & un exemple de cela, c'est que Philippe fut vaincu par le moyen des Etoliens, qui furent anéantis d'abord après pour s'être joints à Anthiocus, qui, à son

dirent leur commerce, qui leur procurait des ressources qu'ils ne connaissaient point auparavant. La nouvelle irruption des Gaulois en Italie, loin de préjudicier aux Négocians, les rend plus industrieux & plus actifs. Rome se trouve bientôt pourvue des provisions nécessaires (41) à la subsistance & à l'entretien des troupes qu'elle est obligée de lever à la hâte, & dont elle confie le commandement à L. Emilius, qui remporte une victoire complette sur ces fiers ennemis de la Republique, & orne le Capitole des bijoux précieux dont ils faisaient parade (42),

---

tour, fut vaincu par le secours des Rhodiens. Voyez Montesquieu, *Grandeur & Décadence des Romains*, ch. VI.

(41) Polybe nous a conservé le détail des préparatifs immenses que les Romains firent aux approches des Gaulois, & de la victoire remportée par le Consul L. Emilius, proche de Télamon : quarante mille Gaulois, dit cet Historien, resterent sur le champ de bataille, & dix mille furent faits prisonniers.

(42) Les Gaulois n'étaient couverts, dans les combats, que d'une cuirasse dont les bandes ne pendaient que jusqu'à la naissance des cuisses. Leur armure consistait seulement en une épée & une lance ; ils suppléaient à tout ce qui pouvait leur manquer d'ailleurs, par un collier & des bracelets d'or dont ils se paraient pour relever la blancheur de leur corps. C'est vraisemblablement ce qui faisait dire aux anciens, que les Gaulois combattaient nuds ; *A naturâ tributis contenti* -

& qui ne servirent qu'à accélérer l'instant de leur défaite.

Le Commerce prenait en effet une face nouvelle ; Rome se peuplait chaque jour davantage, & chaque jour l'industrie donnait de plus grands signes de développement. On commença à frapper des médailles, pour marquer la destination des flottes qui transportaient du bled, *ad coëmendum frumentum* (43) : le Sénat accorda même des avantages (44) aux Négocians qui, délivrés

---

nudi pugnant. Diodore, L. v. *Dimidiasque nates Gallica palla tegit.* Martial, L. I. épigr. 93.

(43) La grande quantité de bled qu'il fallait à Rome, mit souvent la République dans la nécessité d'en envoyer chercher chez l'Etranger ; car, malgré le goût de ces Républicains pour la vie champêtre & la culture des champs, leur territoire n'était plus proportionné à la population qui existait & qui croissait chaque jour à Rome. Que fit le Sénat pour exciter l'émulation & prévenir les disettes ? Il permit qu'on frappât des médailles pour marquer la destination de chaque flotte qui devait approvisionner la Capitale. Les Empereurs suivirent le même exemple. On peut voir Suetone, Vie de Claude ; Huet, Histoire du Commerce & de la Navig. ch. XLVI.

(44) Il leur fut permis de former des corps & des sociétés pour équiper, à frais communs, des vaisseaux qu'ils devaient ensuite ramener chargés de marchandises étrangères. Les membres qui composaient ces sociétés maritimes, étaient appellés *Exercitores ;* & l'on comprenait sous ce nom, dit Terrasson, non-seulement ceux qui mettaient en mer des

une seconde fois du brigandage qu'exerçait le perfide Démétrius, versèrent dans leur patrie le fruit de leurs travaux, & répandirent dans l'Italie l'abondance & la superfluité. Mais le luxe s'introduisait dans la Capitale ; la soif de l'or & le charme corrupteur de la molesse, se glissaient dans l'esprit des premiers personnages de la République (45), lorsque l'orage qui la menaçait, &

---

vaisseaux à leurs frais, mais encore ceux qui en louaient pour transporter des marchandises ; de sorte que l'*Exercitor* était celui qui percevait tout le produit d'un vaisseau marchand. Outre ces *Exercitores*, il y avait les *Magistri navium*, dont l'emploi répondait à-peu-près à nos Capitaines de vaisseau. Ils ne différaient de ces derniers qu'en ce qu'ils étaient de condition servile. Il paraît cependant, & Terrasson le pense de même, que les engagemens qu'ils contractaient, étaient garantis par les *Exercitores*. Terrasson, part. 2, § 5.

(45) Il est tems que je parle de l'usure qui se pratiquait chez les Romains. L'intérêt de l'argent, vrai mobile de la circulation des espèces, était fixé à Rome, par une loi des douze Tables, à un pour cent par mois, ce qui faisait un peu plus de douze pour cent par an, ainsi que l'observe judicieusement M. de Pastoret, puisque leurs mois n'étaient, comme nos usances, que de trente jours. Cet intérêt exorbitant, & dans lequel je ne comprends point l'intérêt maritime, qui était infiniment plus considérable, par la raison qu'il était fondé, d'un côté, sur les périls de la navigation, & de l'autre, sur la facilité qu'avait l'emprunteur de faire promptement des grandes affaires, suffisait sans doute pour

qui fondit rapidement sur elle, arrêta pour un

---

entretenir le commerce; mais l'envie d'acquérir des richesses, suivant pas à pas les progrès du luxe & de la victoire, éleva les intérêts usuraires à un taux si excessif, qu'il attira l'attention des Législateurs. En conséquence, il parut une loi, l'an 376 de Rome, appellée *Licinia*, dûe à C. Licinius Stolon, par laquelle il fut statué qu'on déduirait du capital ce qui avait été payé pour les intérêts, & que le reste serait acquitté en trois payemens égaux : mais cette loi n'ayant produit aucun effet, les Tribuns, M. Duellius & L. Mœnenius, firent recevoir une autre loi, l'an 398, par laquelle ils renouvellaient la disposition de celle des douze Tables, qui défendait, sous peine de payer le quadruple de la somme prêtée, de tirer d'un argent prêté, plus d'un pour cent d'intérêt par mois. Cette loi, à laquelle on ne pouvait trop applaudir, bien loin de mettre un frein aux vexations des usuriers, ne servit au contraire qu'à les rendre plus industrieux dans leur profession : l'usure ne cessa de s'accroître, & devint si commune, qu'elle était en quelque façon un mal nécessaire à Rome; &, pour me servir des expressions de Montesquieu, elle s'y naturalisa. On stipulait ouvertement 12 pour cent d'intérêt par an, sous prétexte d'obéir à la loi; mais on avait soin en même-tems d'ajouter à la somme principale, le surplus que le prêteur exigeait. Les differens réglemens qui parurent dans la suite, & les banques publiques qu'on établit à l'effet de prêter de l'argent aux débiteurs indigens, ainsi que le rapporte Tite-Live, ne purent arrêter les désordres de l'usure; & qu'on ne s'en étonne pas, les premiers usuriers étaient ceux qui avaient le plus de crédit au Sénat. Tout

moment

tems (46) des progrès que le calme fit malheureusement renaître. Développons-en le sujet.

La perte de la Sicile & de la Sardaigne, dont

---

le monde connaît l'avidité de Caton, Cicéron même n'eut pas honte de se servir du ministère de ses amis pour prêter de l'argent à un gros intérêt; mais ce qui paraît le plus singulier, c'est que Senèque, qui nous a laissé un si beau Traité sur le mépris des richesses, épuisa lui-même toute la Bretagne par ses usures; car les provinces n'étaient point exemptes des extorsions de ces grands hommes. Cicéron (Lett. à Atticus, L. v. Lett. 21) en donne la preuve la plus convaincante, lorsqu'il dit que les habitans de Salamine ayant essayé d'ouvrir un emprunt à Rome, & ne l'ayant pu, à cause de la loi Gabiniene, qui défendait le prêt à intérêt entre les gens de province & les citoyens Romains, Brutus, sous des noms empruntés, leur prêta de l'argent à quatre pour cent par mois. Ainsi on eut beau faire, on eut beau proscrire l'usure à Rome, on ne fit, ce semble, que multiplier les usuriers. Voyez Terrasson, Hist. de la Jurisp. Rom. partie II. § v; Tite-Live, L. 4, 6 & 7; Plutarque, vie de Caton; l'Esprit des Loix, L. 22, ch. 20, & Cicéron, *de Divinatione*, § 7.

(46) Annibal s'étant engagé, dès son enfance, à faire la guerre aux Romains, saisissait toutes les occasions qui pouvaient le mettre à même de remplir ses sermens. Ayant, par ses menées, porté le Sénat de Carthage à lui confier le commandement des troupes, on sait avec quelle rapidité il les conduisit à l'ennemi. On fut plutôt instruit à Rome de la prise de Sagonte, que du siège que ce Général en avait fait. Polybe, L. 3, ch. 4 & 5; Tite-Live, L. 1, troisième Décade.

les productions croissaient pour les Romains, avait laissé dans le cœur des Carthaginois un levain que les intrigues d'Annibal, le plus grand peut-être, le plus rusé Capitaine qui eût encore paru, cimentèrent (47), & qu'ils ne perdirent qu'avec leur liberté. Le tribut qu'ils étaient obligés de payer à Rome, leur paraissait injuste & avilissant; aussi ne balancèrent-ils point à violer la foi des Traités, & à attaquer de nouveau des ennemis dont ils avaient éprouvé, dans plusieurs occasions, la prudence & le courage, mais dont ils étaient toujours jaloux.

L'Italie devint le théatre de la guerre, & la proie du Général Carthaginois, dont l'avidité insatiable ne pouvait être satisfaite. Le desir de se venger d'un peuple ennemi de son sang, lui fit

(47) Polybe donne à entendre que ce fut Amilcar, père d'Annibal, qui décida les Carthaginois à recommencer la guerre contre les Romains, & qui fut cause de la seconde guerre punique. Quoiqu'on n'ose guère accuser cet Historien d'erreur, encore moins de partialité, cependant son opinion pourrait être combattue avec succès; mais contentons-nous d'observer qu'Annibal fut un des principaux moteurs de cette guerre. Les ressorts politiques qu'il développa pour pouvoir exécuter les projets d'Amilcar, & pour l'emporter sur Hannon, son ennemi, à Carthage, le prouvent victorieusement. Polybe, L. 3, chap. 3 & 4; Florus, L. 2, ch. 4.

trouver dans ces contrées, par la force de ſes armes, ce que Cn. Scipion acquit heureuſement en Eſpagne par ſa politique, ſa douceur & ſon équité (48). Il y faiſait aimer ſa patrie, & s'attachait quantité de villes qui tenaient encore à Carthage. La ſoumiſſion des iſles Baléares (49), augmenta le nombre de ſes conquêtes, & le rendit maître de toute la mer d'Eſpagne; ce qui fut non-ſeulement utile à la République, mais encore avantageux aux Négocians, qui eurent un commerce tout-à-fait réglé avec cette Nation, dont les richeſſes excitaient de plus en plus, en Italie, les clameurs de la jalouſie & de l'envie (50). Simpronius, après un combat naval,

(48) Il était frère de Pub. Scipion, & oncle de l'Africain.

(49) Fournier rapporte que Cn. Scipion, reçut ſous ſon obéiſſance, les Iſles Baléares (Maïorque & Minorque), & que par-là il ſe trouva maître de toute la mer d'Eſpagne. Au reſte, il paraît que ces Inſulaires ne tardèrent pas à ſecouer le joug & à recommencer leurs pirateries. Le choc de la flotte du Conſul Métellus, qu'ils ſoutinrent quelque-tems après, en eſt une preuve bien évidente. Fournier, Hydrographie, L. 5, ch. 19; Diodore, L. 5.

(50) Il ne ſerait guère poſſible de donner un état exact des richeſſes qui ſe trouvaient en Eſpagne. Outre les métaux qu'elle cachait dans ſes entrailles, elle produiſait du bled, du vin, du miel, de la cire, de la poix, du borax,

s'emparait de l'isle de Malthe (51) ; mais la ba-

---

du vermillon, du sel fossile, des poissons salés, de l'huile même, quoiqu'elle n'y eût pas été fort abondante dans les premiers tems, selon Aristote, qui rapporte, *de Mirabilibus Auscultationibus*, *Tom.* 1, que les Espagnols donnaient aux Phéniciens des monceaux d'argent pour de l'huile. Les laines & les étoffes fines se manufacturaient encore en Espagne. Enfin, elle était si fertile, au rapport de Justin, qu'elle suffisait seule à l'entretien de toute l'Italie, & si abondante en or, qu'en labourant la terre on brisait souvent des mottes dans lesquelles on trouvait de ce métal. La nature lui avait donné de plus, beaucoup de Ports commodes pour le débit de toutes ces productions, dont le principal entrepôt était à Cadix. Il partait journellement de cette Ville une grande quantité de vaisseaux, richement chargés, qui se rendaient en Italie. Mais ce qui est vraiment extraordinaire, c'est que les Espagnols qui possédaient les métaux précieux qui enrichissaient Rome & ses habitans, ignoraient eux-mêmes la manière de s'en servir. On lit dans Plutarque, Vie de Sertorius, que ce Général leur apprenait à dorer leurs casques, à enrichir leurs boucliers & à broder leurs tuniques. Voyez Plutarque, Vie de Sertorius, l'Histoire générale d'Espagne, L. 1, p. 32 & 33, & L. 2, p. 100; Strabon, L. 3; Justin, L. 44; Solin, ch. 36, p. 64; Aristote, *de Mirabil. Auscult.* Tom. 1, p. 710; Pline, L. 37, ch. 3.

(51) Les Carthaginois, qui n'en voulaient qu'à la Sicile, cherchaient à se rendre maîtres de Lilybée. Une armée navale favorisait déja la prise de cette ville; mais le Consul Simpronius vola à son secours, combattit la flotte Carthagi-

taille de Cannes (52) était perdue, & Philippe, Roi de Macédoine, venait remplir ses engagemens à la tête d'une flotte formidable, qui ne-

noise, & s'empara à son retour de l'Isle de Malthe. Les Romains tirèrent de cette Isle, du miel, du coton, du cumin, & beaucoup de fruits dont elle abondait; ils y portèrent en échange, des grains dont elle manquait, la terre y étant toute pierreuse & peu propre à produire du bled. L'Isle avait en outre plusieurs Ports commodes. Diodore, après en avoir fait la description, ajoute qu'il y avait dans la Capitale, des ouvriers qui travaillaient très-délicatement : *variorum enim operum artifices habet inter quos excellunt, qui lintea insigni mollitie & subtilitate texunt.* Les reproches que Cicéron (*Verr. de Signis*, cap. 46) fait à Verres de n'avoir jamais osé mettre les pieds à Malthe, quoique pendant trois ans il y eût exercé un métier, semble venir à l'appui du raisonnement de Diodore. Quoi qu'il en soit, le Commerce que les Romains eurent avec les Habitans de l'Isle de Malthe, se réduisait à l'échange des marchandises ci-dessus. Diodore, L. 5, ch. 12; Cellarius, Géogr. ant. L. 2, p. 12; l'Hydrographie de Fournier, L. 5, ch. 18.

(52) Après la bataille de Cannes, Annibal fit un traité avec Philippe, par lequel ce dernier s'obligeait à venir ravager les côtes orientales de l'Italie. Il assiégea en effet Oricum & Appolonie; mais ces villes furent secourues, & le Roi de Macédoine eut la disgrace de lever le siége, & fut forcé de brûler la majeure partie de ses vaisseaux & de ses équipages. Voyez Tite-Live, L. 24.

servit, à la vérité, qu'à confondre son orgueil, & lui prouver son incapacité.

Les succès d'Annibal, & les Escadres Carthaginoises, qui n'abandonnoient point la Méditerranée, plongèrent le commerce dans cet état de langueur qui ne laisse pas d'amener les plus grands désordres. Les Chefs de l'Annone (53) furent obligés d'envoyer à Alexandrie chercher des bleds pour l'aprovisionnement de la Capitale. Le Sénat ne songeait plus qu'à repousser un ennemi qui paraissait invincible, qui menaçait le Capitole, & dont le nom seul inspirait la terreur (54). Il voyait cependant la nécessité d'entretenir des armées navales, tant pour la défense des côtes & des pays nouvellement con-

(53) L'établissement des préfets de l'Annone, fort ancien dans la République, avoit pour objet l'abord des bleds qu'on tirait de la Sicile & de la Sardaigne, vers le tems des guerres puniques; de l'Afrique, après la destruction de Carthage, & de l'Egypte sous les premiers Césars. Lorsque cette denrée manquait, c'était aux Chefs de l'Annone à y remédier. C'est ce qu'ils firent pendant les ravages d'Annibal en Italie. Ils envoyèrent chercher du bled à Alexandrie. Voyez Tite-Live, L 11, & l'Histoire du Commerce & de la Navigation, par M. le Chevalier d'Arcq.

(54) Tout le monde sait que le nom d'Annibal était passé en proverbe à Rome; on s'en servait pour exprimer un homme méchant & dangereux : c'est du moins dans ce sens que l'emploient quelques Auteurs anciens.

quis, que pour protéger les vaisseaux marchands qui se rendaient en Espagne & à Corinthe, marchés communs de l'Europe & de l'Asie (55). Mais le trésor était épuisé, l'Etat appauvri, la fortune des citoyens ruinée ; on manquait d'argent pour payer les troupes ; l'amour de la patrie & de la liberté, ce signe sensible de tout bon Gouvernement, ce sentiment religieux chez ces illustres Républicains (56), produisit bientôt de

(55) Les guerres continuelles que Rome soutenait depuis si long-tems, avaient appauvri l'Etat, au point que les Marchands ne pouvaient plus se rendre ni en Espagne, ni à Corinthe, qui était, selon Thucydide, le marché de la Grèce. : les Pirates couraient impunément les mers. Le Sénat, s'il faut en croire Fournier, donna tout l'or, l'argent, & même la monnoie de cuivre qu'il y avait dans le Trésor, ne se réservant que les tasses nécessaires pour le Service divin. L'Ordre des Chevaliers suivit cet exemple de patriotisme, & le bas peuple fit tous ses efforts pour l'imiter. Il faut convenir que Rome ne parut jamais si digne de commander au reste des Nations, que dans ces occasions, où il s'agissait de faire le bien ou le mal. Cette vérité n'a pas besoin d'autre preuve. On peut voir, dans les Mémoires de l'Acad., tom. 4, pag. 264, une Dissertation par M. Simon, sur le dévoûment des Romains pour la patrie. *Voyez* Thucydide, Liv. 1, §. 12 ; l'Hydrographie de Fournier, L. 5, chap. 20 & 23.

(56) Voyez Montesquieu, Grandeur & Décadence des Romains, chap. 10.

nouvelles ressources : Rome fit des opérations merveilleuses pour se liquider (57), & parut

(57) *In hac ruina rerum*, dit Tite-Live, Décad. 3, L. 6; *stetit una integra atque immobilis virtus Populi romani.* On fut obligé cependant d'augmenter la valeur numéraire ; mais la manière dont on s'y prit m'a paru si intéressante, que j'ai cru devoir la mettre sous les yeux de mes Lecteurs. Les dépenses excessives que Rome faisait depuis long-tems pour triompher de ses ennemis, l'avaient mise à son tour dans l'impossibilité d'acquitter ses dettes. Il fallait de toute nécessité faire quelques opérations qui la liquidassent envers ses créanciers ; mais il était à craindre que ces operations, qui avaient pour objet la libération de la République, n'entraînassent celle des Citoyens entr'eux ; ce qui aurait occasionné peut-être la ruine entière de l'Etat. Que fit-on pour ne pas envelopper tout-à-fait la fortune des particuliers ? L'as valait deux onces de cuivre, & le denier d'argent dix as ; on fit simplement battre des as d'une once de cuivre, & l'Etat gagna la moitié de ses créances : mais on ordonna en même-tems que le denier qui valait dix as, en vaudrait seize, & les Citoyens ne perdirent ou ne gagnèrent entr'eux qu'un cinquième. L'exemple suivant me fera peut-être mieux entendre. Supposons que la République se servît pour monnoie de louis d'or valant 24 liv. chaque : elle fit battre des demi-louis, qui valurent pour elle 24 liv., & pour les Citoyens entr'eux dix écus ; d'où il résulta que, pendant que la République gagnait la moitié sur ses créanciers, les particuliers entr'eux ne perdaient ou ne gagnaient en effet qu'un cinquième. Mais la proportion entre l'argent & le cuivre, qui était auparavant

enfanter de nouveaux Héros pour se défendre. Les Carthaginois font-ils encore des tentatives pour recouvrer la Sicile ? Marcellus les arrête, se rend maître de Syracuse (58), des chef-d'œuvres de la Grece, qui l'ornaient, & dont il embellit, pour la premiere fois, sa patrie (59). L'Espagne

---

comme un 1 est à 160, ne fut plus, à cette époque, que comme 1 est à 128. L'injustice, il est vrai, n'en existait pas moins toujours ; mais de deux maux on sut choisir le moindre, & la secousse ne fut point si violente. Voyez Pline, L. 34, ch. 13.

(58) Voyez Tite-Live, L. 24.

(59) La mort d'Hiéron apporta de grands changemens dans les affaires de Syracuse. Son fils ayant paru suspect aux Romains, Marcellus eut ordre de passer en Sicile, & d'attaquer les Syracusains. On sait que ce Capitaine trouva dans Archimède l'ennemi le plus redoutable ; il en triompha cependant, en surprenant Syracuse, qu'il livra malgré lui au pillage : mais il eut soin, auparavant, de faire transporter à Rome tous les tableaux & les statues qui s'y trouvaient, dans l'intention de l'embellir, car les statues n'étaient alors, à Rome, que de bois ou de terre durcie, ainsi que nous l'apprend Cicéron dans son Livre de la Divination. Marcellus retourna ensuite dans sa patrie, où il reçut les honneurs de l'ovation, qui consistaient à marcher à pied, couronné de myrthe, au son des flûtes. Les Syracusains récompensérent plus généreusement le courage & les vertus de ce Général ; ils firent

veut-elle profiter de la perte des Généraux Romains pour se livrer aux Carthaginois? le jeune Scipion s'empare de Carthage la neuve, y trouve des richesses immenses (60), & dédommage l'Italie des rapines d'Annibal. Il fit plus: le desir qu'il avait de la délivrer d'un ennemi dangereux, mais que la fortune commençait à abandonner, lui fit porter, quelque-tems après, ses armes en Afrique (61) : l'événement justifie

---

une loi expresse, qui portait que toutes les fois que Marcellus, ou quelqu'un de sa famille, mettrait les pieds en Sicile, on irait au-devant de lui avec des couronnes de fleurs : on lui érigea en outre une statue de bronze dans le Palais de Syracuse, & l'on fit du jour de la prise de cette ville, un jour de fête, qui fut appellé *Marcellea*. Cicéron, *in Verr.* L. 2, ch. 6.

(60) Scipion trouva dans cette ville des richesses immenses; outre l'or monnoyé, il y avait deux cents soixante-seize coupes d'or, dont la moindre pesait une livre; dix-huit mille trois cents livres d'argent, quarante mille boisseaux de froment, deux cents soixante mille d'orge, & dans le port cent quatorze vaisseaux chargés de marchandises : ce qui laisse à penser que Carthage la neuve, connue des anciens sous le nom de Spartaria, aujourd'hui Carthagène, devait être très-commerçante, quoique nouvellement bâtie. Ce fut Asdrubal, prédécesseur d'Annibal, qui en jetta les premiers fondemens. Voyez l'Hydrographie de Fournier, L. 5, chap. 24; Tite-Live, L. 26, chap 42.

(61) Polybe donne comme une preuve certaine de la

ſa politique : victorieux aux plaines de Zama, il donne des loix à Carthage (62), & va recevoir à Rome les honneurs d'un triomphe juſtement mérité (63).

On vit pendant la paix ce que peut un peuple laborieux, fondé ſur des conſtitutions ſolides, & dont les richeſſes & le luxe n'avaient pas tout-à-fait corrompu les vertus : on vit, dis-je, renaître l'abondance en Italie, où les traces d'Annibal étaient encore fortement imprimées.

---

bonne politique de ce Général, la permiſſion qu'il demanda au Sénat de lui laiſſer équiper une flotte pour paſſer en Afrique : Scipion jugeait, avec raiſon, qu'il n'y avait pas d'autre moyen d'arracher Annibal de l'Italie. Le Sénat approuva cette diverſion, & le ſeconda ſi bien, qu'au bout de quarante-cinq jours il eut cinquante-deux galères, & quatre cents vaiſſeaux de charge à ſes ordres, avec leſquels il ſe rendit en Afrique, où il mérita, par ſes exploits, le ſurnom d'Africain.

(62) Les Carthaginois s'obligèrent de payer aux Romains dix mille talens dans l'eſpace de cinquante années ; ſomme immenſe pour ce tems-là, car le talent peſait environ 90 marcs de notre poids ; de livrer leurs vaiſſeaux, & de renoncer au droit de faire la guerre, ou du moins de ne pouvoir la faire qu'avec la permiſſion de la République Romaine. Tite-Live, L. 30.

(63) Appien, *de Bell. Pun.* pag. 30 & 35 ; Polybe, L. 16, ch. 5.

Les Romains ſe trouvèrent, en partie, maîtres de la Méditerranée, & le commerce fut ſi floriſſant, que les Négocians, comme l'obſerve Huet, payaient en marchandiſes les droits de toutes les marchandiſes qui arrivaient à Rome (64): Car quoiqu'ils n'euſſent adopté, dans le principe, que le commerce des grains, comme le plus utile & le plus avantageux pour eux, il paraît qu'ils portèrent dans la ſuite leurs vues plus loin, & qu'ils l'étendirent ſur tout ce qui pouvait les enrichir : la forfanterie d'Annibal : l'audace qu'il eut de faire proclamer dans ſon camp la vente des productions des Arts, dont Rome s'embelliſſait journellement, en eſt une preuve ſenſible (65).

(64) Huet, hiſt. du Commerce & de la Navigation, chap. 24.

(65) Fier de la victoire qu'il venait de remporter à Cannes, Annibal croyait déjà être maître de Rome. Ce qu'il y a de certain, c'eſt qu'il fit mettre à l'enchère, dans ſon camp, tout ce qui ſe trouvait dans les Boutiques des Orfèvres qui étaient établis à Rome ; preuve évidente que les Romains commençaient à protéger les Arts, & qu'ils avaient ajouté au Commerce de nouvelles branches, qui auraient été infiniment avantageuſes à la République, ſi elle avait pu trouver des moyens qui l'euſſent garantie de leur ſuite, malheureuſement inévitable, de la corruption.

Cette abondance fut cependant nuisible à la République. L'Agriculture, qui en avait fait le principal soutien, qui donnait à l'État des hommes sains & vigoureux, & dont Cicéron a si bien fait l'éloge par ces belles paroles: « Omnium » rerum ex quibus aliquid acquiritur, nihil est » agricultura melius, nihil uberius, nihil dul- » cius, nihil homine libero dignius (66) ». L'Agriculture, dis-je, fut négligée; l'amour du travail s'éclipsait, & il ne resta plus que le simulacre. L'ostentation conduisit les armées, & l'appas du butin fit marcher les soldats (67);

---

(66) Cicéron, *de Officiis*, L. 2, ch. 42.

(67) Les Soldats avaient un intérêt réel à suivre les Généraux en Espagne & en Asie; ils retournaient, comme eux, chargés de richesses: aussi préféraient-ils ces contrées aux autres, parce que, bien souvent, ils y étaient autorisés à piller. Plutarque rapporte que Sylla, après avoir condamné l'Asie, c'est-à-dire, les nations qu'il y avait subjuguées, & qui se trouvaient renfermées dans l'Asie mineure, à payer vingt mille talens, obligea les particuliers de donner à chaque soldat logé chez eux, quatre drachmes par jour (8 liv.); de lui donner à souper, ainsi qu'à tous ceux qu'il inviterait; de payer à chaque Capitaine 25 liv. par jour, & de lui fournir une robe pour être dans la maison, & une autre pour paraître en public. Tout cela n'augmentait point l'affection des soldats pour leurs Chefs, comme on le conçoit aisément; il ne servait qu'à les corrompre & les énerver. Plutarque, Vie de Sylla & de Lucullus.

enfin, il semblait que Rome ne courait après la conquête du monde, que pour devenir ensuite le triste jouet d'un despote, ou d'un imbécille avili.

Qu'on ne s'imagine pas cependant que les richesses, en se multipliant, fissent disparaître tout-à-coup les vertus qui soutenaient le Capitole. La fierté républicaine existait encore (68); elle seule punit la bassesse de Philippe aux Cynocéphales, & humilia Anthiochus aux Termophyles (69); elle

(68) » Quelle que fût la corruption de Rome, dit Montesquieu, tous les malheurs ne s'y étaient pas introduits : » car la force de son institution avoit été telle, qu'elle avait » conservé une valeur héroïque, & toute son application » à la guerre, au milieu des richesses, de la mollesse & » de la volupté ; ce qui n'est arrivé à aucune Nation du » monde ». Voyez Montesquieu, Grand. & Décad. des Rom. chap. 10.

(69) Les Romains s'imaginaient que vaincre Philippe, c'était triompher d'Alexandre même : « *Secutæ sunt statim* » *Africam Gentes, Macedonia, Grecia, Syria cæteraque* » *omnia quodam quasi æstu, & torrente fortunæ. Sed* » *primi omnium Macedones, affectator quondam imperii* » *populus ; itaque quamvis tunc Philippus regno præsi-* » *deret, Romani tamen dimicare sibi cum rege Alexandro* » *videbantur* ». Florus, L. II, chap. 7. La défaite d'Anthiochus enflammait beaucoup plus leur orgueil ; aussi se mettaient-ils au-dessus des Grecs, & prétendaient qu'Athènes ne pouvait plus se glorifier de rien. Florus, Liv. II, chap. 8 ; Mém. de l'Acad. tom. 6, p. 138.

ſeule fut victorieuſe de pluſieurs peuples, qui, affoiblis par leur propre courage, s'eſtimèrent trop heureux de recevoir des loix (70).

Cet accroiſſement de la République ne produiſit pas un meilleur effet ſur le commerce, qui commençait à triompher des loix, ou pour mieux dire, du préjugé le plus groſſier. Les Romains, en devenant les vainqueurs du monde, dédaignèrent de s'enrichir autrement que par les tributs impoſés aux Nations, & ſe contentèrent d'être les protecteurs des Négocians. On vit dépérir la Marine (71), mépriſer même les Matelots

---

(70) Les Etoliens, pour avoir fait ſolliciter Anthiochus à déclarer la guerre à la République, ſentirent à leur tour la puiſſance des Romains: les Iſtriens qui avaient pris part à leurs démêlés, eurent part auſſi à leurs déroutes. Le Conſul Claudius Pulcher les ayant ſubjugués, les Romains ſe trouvèrent maîtres de toute la partie occidentale de la Méditerranée, ce qui les mit à portée d'y exercer un libre & riche commerce. Ils étendirent encore leur puiſſance maritime, en ſe mettant en poſſeſſion des places que Nabis occupait ſur les côtes voiſines de Sparte, dont il avait uſurpé la ſouveraineté. Ce tyran s'adonnait à la piraterie. Les Romains, joints aux Rhodiens, marchèrent contre lui, le vainquirent, & le forcerent à faire un traité par lequel il livrait ſa flotte aux Romains, & ne ſe réſervait que deux brigantins. Tite-Live, liv. 25 & ſuiv.

(71) Les Romains n'adoptèrent jamais avant Auguſte,

dans un tems où ils auraient dû être respectés ; mais on vit aussi les Illyriens recommencer leurs pirateries, & la Macedoine profiter de cet état d'inertie, pour secouer le joug, & venger la honte de son Souverain. Heureusement Rome possédait un Citoyen, un Sage, un Héros, qui devait, par sa prudence & son courage, renverser le Trône d'Alexandre, & entraîner un de ses successeurs à son char.

La destruction de Carthage & celle de Corinthe, suivirent de près la chûte de Persée, & apportèrent de grands changemens dans le commerce. Utique devint la Métropole de l'Afrique, & l'abord de quelques Négocians Romains, qui préféraient encore l'utilité publique, c'est-à-dire, la gloire d'enrichir leur patrie par

l'idée d'avoir une Marine formidable, quoiqu'ils songeassent cependant très-souvent à faire des nouvelles conquêtes : ils ne faisaient cas, comme dit Montesquieu, que des troupes de terre, dont l'esprit était de rester ferme, de combattre au même lieu & d'y mourir. Les manœuvres des vaisseaux qui combattent n'étaient point de leur génie : une preuve de cela, c'est que la guerre contre Persée ayant été résolue, & le commandement de l'armée qui devait passer en Macédoine, donné à Paul Emile, à peine ce Général trouva-t-il une flotte en état de tenir la mer. Huet, Histoire du Commerce & de la Navig. chap. 30.

leur

leur induſtrie, à celle de l'honorer par de vains titres & de fauſſes vertus. L'iſle de Deſlos, une des Cyclades, profita de la ruine de Corinthe, & fut, par ſa ſituation & la ſainteté de de ſon Temple (72), l'unique entrepôt des eſclaves dont ces Républicains faiſaient un commerce ſi avantageux (73). Enfin, la conquête de la Grèce, en introduiſant les lettres,

(72) Voyez Strabon. L. 10.

(73) La ruine de Carthage fit paſſer le commerce à Utique, & celle de Corinthe à l'iſle de Deſlos; de ſorte que ce ne fut qu'à cette époque que les Romains eurent un commerce réglé avec les Africains, comme je l'ai déjà fait obſerver. Ce commerce conſiſtait en bled, chevaux, mais principalement dans la vente des eſclaves qu'on revendait à Rome avec les formalités requiſes; c'eſt-à-dire, en les garantiſſant ſains de corps & d'eſprit. Le vendeur était en outre obligé de découvrir à l'acheteur toutes les bonnes & mauvaiſes qualités des eſclaves qu'il lui vendait, c'eſt à quoi Horace fait alluſion dans ſa Sat. 3, L. 2, lorſqu'il dit :

« Sanus utriſque
» Auribus atque oculis : mentem niſi, litigioſus,
» Exciperet Dominus, cum venderet.

Les Romains ne pouvaient guère ſe paſſer d'eux; ils leur apportaient des avantages innombrables. Craſſus, qui en avait une quantité prodigieuſe, avait coutume de dire qu'il fallait gouverner tous ſes biens par ſes eſclaves, & ſes eſclaves par ſoi-même. Plutarque, Vie de Craſſus; Terraſſon, Hiſt. de la Juriſp. Rom. art. *Garantie*, part. 2, §. 8.

& les arts dans Rome, ne pouvait qu'ajouter au luxe; devenu néceſſaire, ſelon Monteſquieu (74), & rendre le commerce plus conſidérable, quoique toujours renfermé dans le Midi (75). Les Sénateurs, les Citoyens même, trouvaient, par ſes produits, les moyens de rafiner leurs voluptés (76) ; mais leurs dépenſes ne tardèrent pas à abſorber leurs fortunes, & à les plonger, malgré l'attention des Légiſlateurs, dans les plus vils excès (77). Rome, jadis le

---

(74) Voyez l'Eſprit des Loix. L. 21, chap. 22.

(75) *Ibidem*. L. 21, chap. 4.

(76) » Sitôt que les Romains furent corrompus, dit » Monteſquieu, leurs deſirs devinrent immenſes : on en peut » juger par le prix qu'ils mirent aux choſes. Une cruche de » vin de Falerne ſe vendait cent deniers romains, un baril » de chair ſalée du Pont en coûtait quatre cents, un bon » Cuiſinier, quatre talens ». Mais comme un deſir ſatisfait, en fait ordinairement naître un autre, c'était auſſi le véritable moyen de manquer bientôt de tout : *multa petentibus, deſunt multa*. Voyez l'Eſprit des Loix, L. 7, ch. 2; Horace, L. 3, Od. 2.

(77) Outre les loix ſomptuaires qui bornaient les dépenſes de la table, il parut une loi donnée par le Tribun Sulpitius, par laquelle il fut défendu aux Sénateurs d'emprunter chacun plus de 2000 as. L'intention du Tribun était d'arrêter les progrès du luxe, & la rapacité continuelle des Uſuriers : mais le pouvait-il, dans un pays où les loix & les mœurs étaient continuellement en oppoſition?

ſanctuaire de la vertu, fut à ſon tour le théatre de la corruption ; les places, les dignités y devinrent vénales ; les crimes même y eurent des récompenſes (78) : *omnia Romæ cum pre-*

» Ici, dit l'Abbé de Mably, on lit les réglemens les plus » ſages contre le luxe ; là, des Citoyens, plus riches que » des Rois, forcent, par un faſte impoſant, les loix à ſe » taire ». Cette même année vit auſſi paraître la loi Calpurnia, *de pecuniis reputendis*, qui permit au Peuple de recourir à la juſtice des Juges ſuprêmes, & de réclamer la reſtitution ; mais elle n'avait pour but que d'arrêter les concuſſions odieuſes des Gouverneurs des Provinces ; car la contagion gagnait du terrein, & finit par être générale. Terraſſon, Hiſt. de la Juriſpr. Rom., Part. 1, §. 1 ; Plutarque, Vie de Caton.

(72) Je n'ai beſoin, pour prouver cette vérité, que de rapporter ces paroles de Salluſte : « Fortuna ſævire ac » miſcere omnia Cœpit. qui, labores, pericula, dubias » atque aſperas res facile toleraverant, iis otium, divi- » tiæ, optandæ aliis, oneri miſeriæque fuêre. Igitur » primò pecuniæ, dein imperii cupido crevit. Ea quaſi » materies omnium malorum fuêre. Namque avaritia fidem, » probitatem, cæteraſque artes bonas ſubvertit ; pro his » ſuperbiam, crudelitatem, deos negligere, omnia venalia » habere, edocuit. Ambitio multos mortales falſos fieri » ſubegit ; aliud Clauſum in pectore, aliud promptum in » lingua habere. Hæc primò paulatim, creſcere, inter- » dum vindicari. Poſt ubi contagio, quaſi peſtilentia, inva- » ſit ; civitas immutata, imperium ex juſtiſſimo, atque

tio (79). Cette dépravation, puisée chez les Asiatiques, & soutenue par leurs richesses (80), traîna à sa suite des maux qui firent languir le Commerce. Les vainqueurs de Carthage ne parurent plus aux yeux des Nations que des usurpateurs & des tyrans formidables. Déja l'Egypte, la Cilicie, la Pamphilie, la Lycie, sonnaient le tocsin contr'eux, & menaçaient l'Italie d'une invasion dangereuse ; mais Rome trouva encore dans ses alliés des défenseurs zelés, qui soutinrent sa gloire, & lui frayèrent un chemin à de

---

» optumo, credule, intolerandumque factum, &c. » Salluste, Bell. Catil

Il n'est pas possible de concevoir jusqu'à quel point Rome était pervertie. Sylla, dans sa seconde proscription, donna pour récompense à des assassins jusqu'à 1200 drachmes pour chaque tête qu'on lui apportait. Enfin, les exécutions y étaient si communes, que le peuple semblait en quelque façon s'être familiarisé avec elles.

(79) Juvénal. *Sat.* 3.

(80) « Tant que les Romains ne vainquirent que des » peuples aussi pauvres qu'eux, dit l'Abbé de Mably dans » ses Observations sur les Romains, L. 1, leur gouverne- » ment mérita tous les éloges que je lui ai donnés ; mais les » principes en furent détruits dès qu'ils eurent porté la guerre » en Afrique & en Asie : les vices de ces riches Provinces » passèrent à Rome avec leurs dépouilles.

nouvelles conquêtes (81). Les succès des Rhodiens, & la prise de l'isle de Crète, ne rendirent point cependant au Commerce l'activité qui lui manquoit ; la mer enfantait chaque jour de nouveaux pirates, qui, sous la protection d'un Prince riche, puissant, excellent Capitaine, & après Annibal, le plus grand ennemi des Romains, ravageaient les côtes de l'Italie, pillaient les temples & les villes voisines de la mer, les rem-

(81) Les avantages des Rhodiens sur Mithridate, furent très-utiles à la République ; non-seulement ils lui donnèrent le tems d'arrêter les conquêtes de ce Prince, & d'anéantir ses projets, mais de se saisir de l'isle de Crète, qui servait depuis long-tems d'asyle aux pirates. Cette isle, appellée dans son principe Macaron, à cause de l'air tempéré qui y régnait, avait été puissante sous Minos. Elle avait eu cent villes, s'il faut ajouter foi à ce que Virgile rapporte. Eneïd. L. 3, v. 104 :

» Creta jovis magni medio jacet insula Ponto,
» Mons idæus ubi, & gentis cunabula nostræ :
» Centum urbes habitant magnas, uberrima regna.

Ce Poëte parlait, à la vérité, de l'état où se trouvait l'isle de Crète vers le tems du siège de Troye ; car lorsque le Proconsul Q. Métellus la soumit aux Romains, elle n'était plus qu'un nid de brigands, dont la destruction fut très-avantageuse au Commerce. Tite-Live, tom. 3. Epito. du L. 78, p. 956 ; Pline, L. 4, ch. 12.

plissaient de carnage & de désolation (82), & cherchaient sur-tout à intercepter les convois de la République, & à s'emparer des vaisseaux marchands. Les plaintes des Négocians portèrent le Sénat à prendre des mesures nécessaires pour purger la mer de ces brigands. Les productions de la Sicile & de l'Afrique n'arrivaient plus à Rome; la disette commençait à se faire sentir & le Peuple à murmurer; il fallait des secours prompts, & un Général habile. Pompée, revêtu d'un pouvoir illimité, équipe une flotte, marche contr'eux, & en moins de quarante jours chasse ces écumeurs, rétablit la tranquillité sur mer, & calme la crainte des Commerçans.

(82) Ces pirates, sortis des côtes de la Cilicie, étaient, au rapport de M. de Bougainville, les anciens Carthaginois, & ressemblaient, selon quelques autres Ecrivains, à ces brigands connus depuis sous le nom de Flibustiers; ils étaient protégés par Mithridate, qui ne cherchait qu'à abaisser la puissance des Romains. Ils s'étaient multipliés, & faisaient une infinité de maux, tant sur mer que sur terre. Ils auraient entiérement ruiné le Commerce, si Pompée ne les avait détruits: mais afin que la pauvreté ne les obligeât pas à recommencer leurs brigandages, ce Général les relégua dans des terres désertes & éloignées des bords de la mer. « Par-là, » dit l'Abbé de Vertot, en leur donnant moyen de vivre » sans piraterie, il les empêcha de pirater ». Voyez l'Hist. des Revol. de la Républ. Rom., par l'Abbé de Vertot, Liv. 11, & les Mémoires de l'Académie, tom. 26 & 28.

Cette expédition fut plus utile au Commerce, que les victoires remportées sur Mithridate, qui ne servirent qu'à mettre le comble à la corruption, à faire naître des dissentions domestiques, & livrer la République aux horreurs des proscriptions. La Méditerranée fut couverte de vaisseaux Marchands ; le goût de l'activité reparut dans toutes les Provinces; le nom de Pompée fut préconisé (83), & les Négocians, qui recommençaient à jouir des fruits de leurs travaux, voulant attacher à leurs fortunes la valeur & la puissance de ce grand homme, employerent tout leur crédit pour lui faire obtenir la Surintendance des bleds & des armées navales (84); ce

(83) Voyez Plutarque, Vie de Pompée. Florus, L. 3, ch. 6. Vell. Paterculus, L. 2, parag. 31 & 32. Cicéron, *Pro lege maniliâ*, tom. 2, ch. 12, fait un superbe éloge de Pompée, relativement à cette expédition. « Tantum » bellum, dit cet Orateur, tam diuturnum, tam longè » lateque dispersum, quo bello omnes gentes, ac nationes » premebantur, Cn. Pompeius extrema hieme apparavit, » ineunte vere suscepit, mediâ æstate confecit ». Il ajoute, chap. 9 : « Una lex, unus vir, unus annus, nos illa mise» ria ac turpitudine liberavit ». Enfin, Pline, L. 7. ch. 26, élève ce Héros au-dessus de César, rien que pour cet objet.

(84) Le Sénat ne pouvait choisir un Capitaine plus habile ; aussi lui accorda-t-il des pouvoirs sans bornes, & la Surintendance des bleds. Pompée remplit si bien les devoirs de

qui le rendit une seconde fois maître de la mer. La grande quantité de grains & autres denrées qui furent transportées par ses soins à Rome, mirent l'abondance dans toute l'Italie, & principalement dans cette Capitale, qui ne jouissait cependant que d'une grandeur précaire, attendu qu'elle ne possédait pas seule l'empire maritime (85).

---

sa charge, qu'il fut lui-même en Sicile, dans la Sardaigne, en Afrique, chercher des bleds, dont il remplit tous les greniers & les marchés de Rome. Cette abondance, dit Plutarque, suffit à nourrir les peuples voisins, & fut comme un ruisseau qui, coulant d'une source féconde, porte partout le secours de ses eaux. Plutarque, Vie de Pompée.

(85) Parmi les Peuples qui s'adonnaient alors avec succès à la navigation, on distingue d'abord les Gaulois. S'ils s'étaient rendus redoutables par les armes, ils ne s'etaient pas moins enrichis par le commerce. La connaissance qu'ils avaient des pays étrangers, & de la qualité de leurs productions; le culte qu'ils rendaient à Mercure, sont des preuves plus que suffisantes de l'attention qu'ils donnaient aux affaires de la mer. On sait que Marseille, colonie des Phocéens, ne le cédait à aucune ville du monde par son commerce, la sagesse & l'industrie de ses habitans. Narbonne, Arles, Bordeaux, Nantes, &c., n'étaient pas moins respectées. Enfin, si les Gaulois ne furent jamais les maîtres de la mer, ils en partagèrent du moins la souveraineté. Quoique l'Egypte & l'isle de Rhodes eussent déchu de leur ancienne splendeur, elles conservaient cependant toujours leurs prépondérances; Rome n'avait donc pas la primatie, comme quelques Ecri-

On est peut-être déjà ſurpris, qu'ayant parlé du Commerce de terre qui ſe faiſait dès le commencement de l'exiſtence de Rome, je ne faſſe mention que du Commerce maritime depuis l'époque où les Romains furent en poſſeſſion de la Sicile, il paraît qu'ils s'adonnèrent totalement à ce dernier, qui leur procurait des avantages bien plus réels & plus agréables, puiſqu'il les faiſait marcher avec plus de rapidité à la conquête de l'Univers. Le Commerce de terre n'en exiſtait pas moins toujours avec les peuples voiſins; mais le peu de bénéfice qu'il rapportait, par les impôts conſidérables qu'on levait, tant ſur les marchandiſes d'exportation, que ſur celles d'importation (86); les difficultés que l'on trouvait à les voiturer,

vains ont oſé le ſoutenir. Ce ne fut que vers le ſiècle d'Auguſte, qu'elle jouit pleinement de l'empire de la mer. Tite-Live, tom. 3, L. 37. Tacite, Vie d'Agricola. Strabon, L. 4; & Diodore, L. 4.

(86) J'ai déja obſervé que les droits d'entrée ſur les marchandiſes, conſiſtaient dans un vingtième. Ils étaient quelquefois plus conſidérables; il arrivait auſſi ſouvent, qu'outre les droits de Douane, que les Romains trouvaient établis chez les nations vaincues, ils en impoſaient de nouveaux. Céſar, après avoir ſubjugué les Gaules, leva de grands péages ſur toutes les marchandiſes qui y paſſaient. Tite-Live ſemble confirmer cet uſage, lorſqu'il dit,

les frais de transport, furent la cause de la préférence que l'on donna toujours au Commerce maritime, qui était d'ailleurs d'un plus grand secours à la République. Le Commerce de terre, malgré les nouvelles productions de l'Italie (87), resta dans un état languissant, jusqu'aux exploits de cet ambitieux César, qui ne craignit point de sacrifier sa patrie à ses intérêts & à sa gloire. Si le Commerce trouvait en lui un Protecteur zélé, c'est qu'il trouvait par le Commerce les moyens de soutenir & ses prétentions, & son faste (88),

---

L. 32, ch., 7, « Hi portoria venalium capuæ, puteolisque » item castrorum portorium, quo in loco nunc oppidum » est fruendum locarunt ».

(87) Quelques Historiens assûrent que le vin ne prit crédit à Rome que l'an 600 de sa fondation, attendu qu'on avait préféré la culture des terres à tailler la vigne. Cependant, Pline rapporte, Liv. 14, ch. 13 & 15, & Liv. 15, ch. 1, que l'an 702 l'Italie était si abondante en vin & en huile, qu'elle en fournissait les pays circonvoisins. C'est sans doute ce qui faisait dire à Virgile, Georg., Liv. II, v. 152 :

Sed gravidæ fruges, & Bacchi massicus humor
Implevere : tenent oleæque, armentaque læta.

(88) César était naturellement prodigue ; l'excessive dépense qu'il faisait dans sa maison, sa magnificence & ses libéralités, contribuèrent, dit Plutarque, à augmenter sa puissance, & à le pousser dans le Gouvernement : mais

Ses conquêtes, avantageuses à la République (89). ne le furent pas moins aux Commerçans, qui trouvèrent plus de facilités dans l'exercice de leur négoce, par la communication que ce Dictateur avait ouverte avec les Gaules, l'Allemagne, & les Cassithérides, nations jusqu'alors ou inconnues, ou intraitables (90), dont les

---

comme la Fortune ne l'avait pas beaucoup favorisé, puisqu'avant de parvenir à aucune charge, il devait 1300 talens, il avait trouvé les moyens de se la rendre propice: il profitait de son autorité pour acheter à vil prix les choses les plus précieuses, sur lesquelles il gagnait considérablement. Aussi Affranius, un de ses Lieutenans, ne pouvait s'empêcher de l'appeller Marchand de vivres & de soldats. Comm. de César; Plutarque & Suétone, Vie de César. Voyez aussi Dion Cassius, L. 42, ch. 334.

(89) Il subjugua une si grande quantité de pays, qu'il avoua lui-même au Sénat qu'il en reviendrait tous les ans, dans les greniers publics, deux cents mille mesures attiques de bled, & trois millions de livres d'huile. Plutarque, Vie de César.

(90) Les Isles Britanniques étaient peu connues avant César. : tout le monde sait que ce Dictateur fut le premier des Romains qui osa passer dans ces contrées, qui n'étaient visitées auparavant, que par quelques Marchands Gaulois, qui, à l'exemple des Phéniciens & des Carthaginois, y allaient chercher l'étain & le plomb qu'elles produisaient, même des chiens de chasse & des esclaves, qu'ils échangeaient pour de

richesses attirèrent son attention & ses armes (91). Ce Héros introduisit encore dans le Commerce

---

la poterie. Les Belges, les Espagnols, faisaient encore quelques courses en Angleterre, mais seulement dans la partie méridionale; car le froid excessif qui régnait dans la septentrionale, persuadait qu'elle était inhabitable. L'Allemagne n'était pas mieux connue. Tacite, *de Mor. Germ.* ch. 1 & 3, nous apprend que les Allemands n'avaient jamais souffert qu'aucune Nation s'établît sur leur territoire : il les appelle, par cette raison, Autochtones. » Germanos qui transrhenum » incolunt, dit encore Suétone, Vie de César, primus » Romanorum, ponte fabricato agressus, maximis affecit » cladibus. Agressus & Britannos, ignotos antea, superatisque pecunias & obsides imperavit ».

(91) L'extrême avidité de César pouvait bien, en effet, l'avoir porté à passer dans la Grande-Bretagne. L'Auteur des Lettres philosophiques & politiques de l'Angleterre, n'est pas tout-à-fait de cet avis : il dit, Let. 4, p. 25, *que le vrai motif de César était d'ajouter cette conquête à tant d'autres qui l'immortalisaient.* Le caractère ambitieux de ce Dictateur, vient sans doute à l'appui de ce raisonnement : cependant, si nous ouvrons ses Commentaires, nous verrons qu'ayant résolu cette expédition, il fit au préalable assembler plusieurs Marchands, pour prendre d'eux quelques renseignemens sur l'état de cette isle. Enfin, Suétone nous assure que César n'alla en Angleterre que dans l'espérance d'y trouver des perles. « Britanniam petiisse spe margaritarum, » quarum amplitudinem conferentem, interdum sua manu » exegisse pondus ». Suétone, Vie de César.

de nouvelles branches (92), qui, en multipliant les besoins, ajoutèrent au luxe, & donnèrent de nouveaux ressorts à l'industrie; mais

---

(92) Les étoffes de soie, dont l'usage était ignoré du tems de la République, ne commencèrent à prendre crédit à Rome, que sous la Dictature de César, qui fut le premier qui introduisit dans cette Capitale cette riche branche du commerce. Cette opinion a trouvé cependant quelques contradicteurs. M. Melon, dans son *Essai sur le Commerce*, chap. 9, pense que la soie était inconnue aux Romains, peuple, poursuit-il, du plus grand luxe. Mais il est évident qu'il se trompe, si toutefois nous nous en rapportons à Dion, qui nous apprend, L. 43, que dans quelques spectacles que César donna au peuple, ce Dictateur fit couvrir tout le théatre de voiles de soie, voulant, par cet appareil, insulter au luxe des Dames Romaines. Ce n'était point la cherté de ces étoffes qui les rendait rares à Rome, mais seulement la difficulté de les avoir; car les Parthes, selon quelques Historiens Chinois, s'étaient toujours opposés au commerce des Romains avec les Asiatiques; il était de leur intérêt de conserver l'entrepôt des marchandises de l'Orient. Les guerres continuelles que les Romains eurent avec les Parthes & les Perses, seuls correspondans des Chinois, ne contribuèrent pas peu à faire prohiber les étoffes de soie à Rome, ainsi qu'on le vit sous Tibere, qui fit rendre un décret au Sénat contre les habits de soie: *Decretum ne vestis serica viros fœdaret*, quoique cet Empereur se fût constamment opposé au rétablissement des anciennes loix somptuaires, comme nous le voyons dans Tacite, L. 3. Ce fut sans doute cette même difficulté qui

il eut soin de prévenir les abus qui auraient pû naître en mettant des droits nécessaires sur toutes les marchandises étrangères qui arrivaient à Rome (93). Enfin, tant de soins, tant de précautions produisirent l'effet qu'on devait naturellement en attendre ; les sociétés augmentèrent,

---

détermina Marc-Aurèle à envoyer par l'Inde des Ambassadeurs à Ouonti, qui régnait alors à la Chine : c'est du moins le sentiment de M de Guignes. Ces Ambassadeurs, ajoute ce savant Académicien, arrivèrent à Lo-Yang, Capitale de cet Empire, l'an 166 de J. C., & offrirent à l'Empereur des dents d'éléphant, des cornes de rhinocéros, & des pierres précieuses ; présent dont les Chinois firent fort peu de cas, mais qui fut cependant le principe du commerce qu'il y eut dans la suite entr'eux & les Romains. Voyez dans les Mém. de l'Académie, tom. 32, une Dissertation très-intéressante de M. de Guignes, ayant pour titre : *Réflexions sur les liaisons & le commerce des Romains avec les Tartares & les Chinois.*

(93) *Peregrinarum mercium Portoria instituit*, dit Suétone, Vie de César. Ces marchandises ne pouvaient être que les étoffes de soie dont nous devons l'invention aux Asiatiques, ainsi que je l'ai rapporté dans la note précédente ; l'étain, le plomb, quelques autres denrées que fournissait l'Angleterre, & l'ambre, que produisaient les côtes septentrionales de l'Allemagne. Cette marchandise, qui devint si précieuse aux Romains, se vendait à Carnunte, aujourd'hui Hambourg. Strabon, L. 4. Pline, L. 33, chap. 3.

les flottes se multiplièrent, & le commerce s'accrut tellement sous les auspices de César, que les ports de l'Italie pouvaient à peine contenir la quantité des vaisseaux Marchands qui y affluaient (94), & qui apportaient l'opulence & la superfluité.

Rome devint la maîtresse du monde ; mais elle crut l'être entiérement de ses richesses & de ses plaisirs. Ce n'était plus cette même ville qui, contente des productions de son territoire, s'en servait pour récompenser le mérite & le courage (88) ; ce n'étaient plus ces anciens

---

(94) On lit dans Plutarque le détail des projets que César avait conçus peu de tems avant sa mort. Il avait envie de détourner le Tybre & l'Anio, de réunir leurs eaux, de les conduire depuis Rome jusqu'à la ville de Circoi, & de les faire tomber dans la mer, près de Terracine, pour la commodité des Marchands. Il méditoit de plus, d'opposer de fortes barrières à la mer, près de Rome, par de bonnes levées ; & après avoir nettoyé la rade d'Ostie, mal sûre & même dangereuse, d'y faire des ports & des abris, afin que les vaisseaux, qui y abordaient de toutes parts, pussent être sans crainte ; car il ne manquait plus aux Romains, comme le remarque Appien, que l'Egypte pour être maîtres de tout ce qui environne la Méditerranée, l'isle de Chypre ayant été depuis peu réduite en forme de province Romaine.

(95) Sous les premiers Rois, & même du tems de la République, la plus grande récompense que l'on donnait aux vertus militaires, était autant de terre qu'on pouvait

Romains dont les vertus, quoique cachées sous le voile de la simplicité, découvraient la grandeur & la majesté. La prospérité, l'ostentation & le luxe, ne montrèrent plus que la décadence (96) & l'avilissement. La mollesse rendit à l'agriculture le coup que l'art militaire avait porté au Commerce ; mais avec cette différence, que ce dernier s'était relevé par l'industrie & le labourage, & qu'à peine, dans la suite, trouva-t-on un bon cultivateur dans toute l'Italie. (97) Les denrées des nations conquises sup-

labourer en un jour : c'étoit même un très-grand présent quand on recevait de la part du Peuple une émine de bled. Pline rapporte, que lorsqu'on voulait faire l'éloge d'un Romain, on l'appellait bon laboureur. Pline, L. 18, chap. 3.

(89) « Ce qui empêcha les Romains de prévenir, lorsqu'il en était tems encore, les maux dont la République était menacée, dit judicieusement l'Abbé de Mably, c'est que ce fut sa prospérité même qui ruina les principes de son Gouvernement ; & rarement un Peuple est-il assez sage pour se défier de sa prospérité, & la regarder comme un commencement de décadence ».

(97) Quoique maîtres de l'Univers, les Romains ne jouissaient point du bonheur de leurs Ancêtres ; ils avaient sans cesse à combattre contre la famine, depuis que leur territoire semblait n'être destiné qu'à produire des fleurs. ils se fiaient sur le bled qui arrivait des provinces ; mais lorsque des causes imprévues arrêtaient ou retardaient les

pléaient

pléaient, à la vérité, à cette négligence ; mais en procurant l'abondance, elles firent naître la servitude, par la raison que Rome n'ayant jamais adopté l'idée d'avoir une Marine formidable, & ne recevant ses provisions que du côté de la mer, lorsqu'elles étaient interceptées par les flottes ennemies, ou les pirates qui paraissoient à tout moment, elle se trouvait obligée de donner plus de pouvoirs aux Généraux, qu'elle regardait ensuite comme ses libérateurs, sans s'appercevoir qu'elle encensait ses tyrans.

On ne saurait concevoir combien ces mêmes pouvoirs devenaient abusifs. Les ordres du Sénat étaient respectés ou rejetés, suivant que les Chefs des armées y étaient plus ou moins intéressés : à la tête des légions, ils bravaient les foudres

flottes qui approvisionnaient la Capitale, la disette & la sédition y étaient, attendu que le premier usage que l'on faisait du froment qui s'y trouvait, était pour la nourriture des soldats, ainsi qu'on le lit dans Appien, *de Bell. Civil.* p. 691 : « Per eosdem dies Romæ quum frumentum asservaretur in usum militum plebs bello & contentionibus civilibus exasperata, discurrit per privatas ædes frumentum quærendo & quidquid invenit dirripuit ». Ce fut pour prévenir ces révoltes fréquentes, qu'Auguste établit la flotte d'Alexandrie, appellée *Sacra embole, felix embole*. Voy. la note 110.

du Capitole, & ne cherchaient, qu'à s'arroger la bienveillance de leurs soldats, dont ils se servaient comme d'un instrument nécessaire pour forger les fers qu'ils réservaient à leurs concitoyens (98). Enfin, les défenseurs de la patrie en devinrent les oppresseurs, & ourdirent eux-mêmes, sans le savoir, la trame de leur esclavage.

Les guerres civiles qui survinrent, & qui causèrent de si grandes révolutions dans les affaires de l'Etat, firent de nouveau languir le commerce. Pompée, proscrit de sa patrie (99), à l'aide d'une

(98) Sylla, victorieux de l'Asie, implora l'assistance de ses troupes. César, après ses conquêtes des Gaules, mit toute son espérance dans son armée : comme il paraît par ces paroles qu'il prononça après la bataille de Pharsale, en voyant ses concitoyens morts ou en déroute : « Hoc voluerunt, s'écria-t-il, tantis rebus gestis Caïus Cesar condemnatus essem, nisi ab exercitu auxilium petiissem ». Suétone, Vie de César; Plutarque, Vies de Sylla & de Marius.

(99) Le plus jeune des enfans de Pompée, ayant été vaincu par Jules-César, & se voyant au nombre des proscrits, nuisit beaucoup au commerce des Romains. Il s'était emparé de la Sicile & de quelques isles voisines, qui devinrent l'asyle des pirates, auxquels il ne craignit point de s'associer. Quelques victoires qu'il remporta sur Octave, enflèrent tellement son orgueil, qu'il se fit appeller le fils

escadre dont il s'était emparé, s'était encore rendu maître de la Sicile, de la Corse & de la Sardaigne, & interceptait, de concert avec les Pirates qu'il protégeait, tous les vaisseaux marchands qui allaient porter à Rome les tributs & l'industrie des Nations. Il la réduisit bientôt à la plus affreuse nécessité, ainsi que l'Italie, devenue stérile au milieu de ses richesses, par l'indolence de ses habitans, qu ine rougissaient point de regarder le labourage comme une occupation peu digne des maîtres de l'Univers, oubliant leurs Ancêtres, qui en avaient fait autrefois un des objets de leur vénération (100). « *Non ullus* aratro » dignus honos, dit Virgile, squalent abductis » arva colonis, & curvæ rigidum falces conflantur in ensem (101) ».

Il fallait cependant opposer la force & la ruse à un ennemi vigilant, plein de courage, & qu'a-

de Neptune ; mais il ne jouit pas long-tems de ce titre fastueux. Par l'habileté d'Agrippa, Octave le vainquit près de Myles, & l'obligea de se retirer en Asie, où il fut tué par ordre d'Antoine. Voyez Tite-Live, Epit. du L. 128, 129 & 131 ; Zonare, & tous ceux qui ont ecrit l'Histoire de Rome.

(100) Plutarque, Vies de Romulus & de Numa ; Pline, L. 18, chap. 2 & 3.

(101) Virgil. Georg. L. 1, V. 506.

nimait le désespoir ; c'est ce que fit adroitement Octave : victorieux de Pompée, il rendit au commerce la liberté qu'il avait perdue, & fit renaître l'abondance. Vainqueur à Actium, il étouffa dans sa patrie cette même liberté qui en avait fait le plus solide soutien, & qui n'était plus qu'un fantôme, qu'il fit expirer sous les coups de son ambition & de sa politique (102).

Telle fut la situation du Commerce chez les Romains, depuis le commencement de leur existence. S'ils furent long-tems sans connaître son utilité & ses avantages; s'ils le regardèrent même dans leur principe, comme une profession abjecte, c'est que l'esprit de conquête, puisé dans leur ignorance & leur férocité; c'est-à-dire, le desir ambitieux de triompher des peuples qui leur portaient ombrage, leur tenait lieu de tout. Mais il était impossible que Rome, dont la population augmentait à proportion que sa puissance prenait

(102) Cicéron avait l'esprit trop pénétrant, pour ne pas prévoir la chûte prochaine de la République : « Nullum » enim bellum civile fuit in nostrâ Republica omnium » quæ memoria nostra fuerunt, écrivait-il à Brutus, in quo » bello non, utracumque pars vicisset, tamen aliqua forma » esset futura Reipublicæ ; hoc bello victores quam rem » publicam sumus habituri, non facile affirmarim, victis » certe nulla unquam erit ».

des accroiſſemens, ſe nourrît conſtamment des travaux de la guerre & de l'agriculture, & pût ſubſiſter ſans le ſecours de la navigation Si les règles de la bonne politique ne lui montrèrent pas d'abord cette vérité, ſon intérêt perſonnel ne tarda pas à la lui découvrir. La création de ſa marine peut être regardée, à juſte titre, comme celle de ſon commerce (103), dont les progrès, quoique tardifs, furent d'autant plus dangereux pour elle, qu'ils introduiſirent dans ſon ſein les richeſſes & l'opulence, qui apportèrent avec elles le germe du luxe, de la corruption, & de la lâcheté ; & par une ſuite inévitable, la décadence & l'eſclavage, comme on va bientôt s'en convaincre.

---

(103) » Les arts, dit Gogué, ſont enfans du luxe ; le » luxe eſt produit par les richeſſes : la véritable ſource des » richeſſes, eſt le commerce : mais il ne peut y avoir de » commerce ſoutenu ſans la navigation. Gogué, Origine » des Loix, des Sciences & des Arts, L. 4 ».

SECONDE PARTIE.

SI la gloire & le bonheur d'une nation consistent dans ses richesses & l'étendue de sa domination, dans la bonté & la bienfaisance de son Souverain, jamais nation ne dût jouir ni de plus de fortune, ni de plus de célébrité, que l'Empire Romain sous le règne d'Auguste. Remédier aux abus, soulager le peuple par des largesses sagement distribuées, flatter son goût par des jeux & des spectacles (104), faire des embellissemens dans Rome (105), furent les principales occupations de cet Empereur, qui devint, sur le trône, le père de sa patrie, & l'idole de ses Sujets Ce Prince voyait que la République

(104) Pourrait-on s'imaginer qu'un Peuple si brave, si fier, si laborieux, eût dégénéré au point qu'il ne savait plus demander que du pain & des jeux? Rien n'est si vrai; Juvénal en donne la preuve dans sa Satyre 10, v. 78.

» Qui dabat
» Imperium, fasces, legiones, omnia nunc se
» Continet, atque duas tantum res anxius optat
» Panem & circenses.

(105) « Urbem neque pro majestate imperii ornatam, & » inundationibus incendiisque obnoxiam excoluit adeo, ut » jure sit gloriatus marmoream se relinquere quam lateri- » tiam accepisset ». Suétone, Vie d'Auguste.

avait besoin d'un Maître; mais que, pour la gouverner en Roi, il ne fallait point en avoir le titre. Il commença, sous un nom moins odieux (106), par rapprocher les esprits, concilier les intérêts, & inspirer l'amour universel & le bien public. La paix fut publiée, le temple de Janus fermé, & les loix mises en vigueur. Enfin, il accoutuma ces mémes Romains, si jaloux de leur liberté, ces fiers Conquérans, qui s'estimaient au-dessus des plus grands Rois du monde, à chérir & respecter sa puissance & son autorité. Son attention se porta également sur le Commerce. Le Port Jules fut son ouvrage (107); Nicopolis vit ses

(106) « Pour préparer les Romains à la servitude, dit » l'Abbé de Mably dans ses Principes des Loix, L. 3, » ch. 1, Auguste employa la crainte. Pour les accoutumer » à la perte de leur liberté, il se garda bien de les accabler » du poids de son pouvoir. C'est un Monarque absolu, qui » feint de s'honorer des Magistratures de l'ancienne Répu» blique; il promet d'abdiquer la Souveraineté, qui lui est » plus chère que la vie ». Voy. l'Abbé de Mably (*Loco citato*), & l'Histoire des Empereurs, par M. de Tillemont, tome 1, § 1. On trouvera encore, dans les Mém. de l'Académie, tome 21, un Traité de la nature du Gouvernement Romain sous les Empereurs, depuis Auguste, par M. l'Abbé de la Bletterie.

(107) Pendant le tems de ses démêles avec Pompée, il fit construire le Port Jules, dans la Campanie; il reunit

;urs s'élever (108), & Carthage & Corinthe fu-
rent entiérement rétablies (109). Alexandrie devint l'entrepôt des productions qu'on tirait de l'Egypte, dont il avait fait la conquête, & accru la fertilité (110), & des marchandises qu'on y

---

pour cela le lac Lucrin & le lac d'Averne, & fit couper les terres qui les séparaient de la mer. « Portum julium » apud baïas immisso in Lucrinum & Avernum locum mari » effecit ». Suétone, Vie d'Auguste. Au reste, il y a long-tems que ce port n'existe plus.

(108) » Quoque Actiacæ victoriæ memoria celebratior in » posterum esset, urbem Nicopolin apud Actium condidit. » Suétone, ibidem ».

(109) Ce fut vingt-deux ans après la destruction de Carthage, que les Romains songèrent à y envoyer une colonie, qui partit en effet sous la conduite de Caïus, Gracchus, Triumvir; mais l'entreprise de relever cette ville, de même que Corinthe, ne fut exécutée que sous le règne de Jules César, & consommée sous celui d'Auguste. Dion, L. 43, p. 238, rapporte que Carthage & Corinthe, qui avaient péri en même tems, commencèrent en même tems à revivre. On peut voir aussi le Dictionaire Géogr. de la Martiniere, tom. 2, p. 326, 327 & 796.

(110) « Fossas omnes inquas nilus exæstuat oblimatas » longa vetustate, militari opere detersit ». Suétone, Vie d'Auguste. Cet Empereur avait déjà jugé que l'Egypte pourrait seule suffire à l'approvisionnement de la Capitale. Le soin qu'il prit d'en augmenter la fertilité, & la flotte d'Alexandrie qu'il établit uniquement pour porter à Rome

apportait de l'Éthiopie & des Indes (101). Des Escadres eurent ordre d'aller reconnaître les

---

le bl:d que cette Province devait fournir, le persuadent assez. Cette flotte, appellée *Sacra embole*. *Felix embole*, jouissait de plusieurs prérogatives. Elle seule, dit Sénéque, avait droit d'arborer la petite voile nommée Supparum, lorsqu'elle approchait des côtes d'Italie. Elle était escortée par des vaisseaux légers, nommés Trabellaires, qui avaient soin de chasser les pirates, & d'avertir à Pouzzolles & à Rome que la flotte approchait. On députait aussi-tôt à Ostie quelques Sénateurs pour recevoir les provisions & accueillir les mariniers que l'on voyait sortir des vaisseaux, habillés de blanc, la couronne en tête, tenant des parfums, & témoignans, par leur chants d'allégresse, le desir qu'ils avaient de voir prospérer l'Empereur & la République. Ils se rendaient de cette manière chez le Magistrat qui devait recevoir leur serment, où ils protestaient que le froment qu'ils apportaient était celui qu'on leur avait livré. Enfin leur arrivée était une espèce de fête pour la Campanie. Voyez Sénèque, Lett. 77; l'Hydrographie de Fournier, L. 19, chap. 41; Morisot, Hist. orb. mar. L. 1, chap. 19.

(111) L'ancienne Ethiopie, connue aujourd'ui sous le nom de Nubie & d'Abissinie, fournissait plusieurs riches marchandises. L'or y était si abondant, selon Héliodore, L. 9 & 10, que les Etihopiens s'en servaient comme nous autres du fer. Elle produisait en outre du cuivre, de l'ivoire en quantité, du cinnamome, de la myrrhe, ainsi que plusieurs autres aromates, dont l'entrepôt était à Coptos

côtes de l'Europe, depuis le cap Cimbrique jusqu'aux palus Méotides, & celles de l'Afrique

---

à présent Caana, dans l'Egypte méridionale, d'où on les descendait facilement à Alexandrie, par la comodité de ce fleuve. Plusieurs Ecrivains donnent à Auguste l'idée d'avoir voulu s'emparer de l'Ethiopie, non pas à cause des richesses qu'elle possédait, mais pour prévenir le mal que cette Nation pouvait faire à l'Egypte, en détournant le cours du Nil, dont les débordemens la fertilisent. Albuquerque eut, dit-on, la même pensée, pour se venger d'un Soudan d'Egypte qui s'opposait à l'agrandissement du Commerce des Portugais. Je ne sais si on doit ajouter foi à tout cela; ce qu'il y a de sûr, c'est que si on eût exécuté ce projet, on aurait été obligé de couper plusieurs montagnes qui cachent dans leur sein les sources des rivières qui rendent l'Ethiopie un des plus beau pays de l'Afrique. Quoi qu'il en soit, le Commerce que les Romains eurent avec ces Peuples, fut très-lucratif; celui des Indes le fut davantage, par la quantité d'épiceries qu'on en apportait, & qu'on distribuait si avantageusement en Europe & sur-tout à Rome, quoiqu'on ne connût guere à cette époque que l'Inde Citerieure, *India intra Gangem*, comme l'assurent Arrien & Strabon. Ce Commerce, qui ne se faisait pas autrement que par échange, selon Pausanias, procurait aux Romains un bénefice si considerable, qu'ils y gagnaient le centuple : *centuplicato veneunt*, dit Pline, L. 6, chap 22; de sorte que pour un million deux cents cinquante mille ecus de marchandises, consistant en étoffes de laine, fer, plomb, cuivre, & quelques petits ouvrages

jusqu'au-delà du détroit de Bebelmandel, pendant que d'autres veillaient à la sureté du Commerce (112). En un mot, la sagesse de son gou-

---

de verres, qu'ils portaient annuellemeut aux Indes; car il serait absurde de croire qu'ils ne portassent que de l'argent monnoyé chez un peuple qui n'en connaissait ni le prix, ni l'usage, ainsi qu'on a voulu le persuader, le produit de celles qu'ils en rapportaient se montait à environ trois cents soixante & quinze millions. J'ai déjà fait observer que les étoffes de soie venaient de la Chine, & qu'elles ne passaient en Europe que par la voie des Persans & des Parthes, seuls agens des Asiatiques, c'est-à-dire, des *Séres* ou Chinois; car, comme le remarque très-bien Huet, sous le nom de *Séres* on comprenait la Chine méridionale, le Tunquin, la Cochinchine, le Pégu, & le Royaume de Siam. Huet, Hist. du Commerce & de la Navig. ch. 53.

(112) Auguste entretint plusieurs flottes, non seulement pour la conservation des Provinces de l'Empire, mais encore pour celle du commerce. Ce Prince voyait qu'il lui serait bien difficile de se faire obéir sans le secours de toutes ces flottes, qui le mettaient à portée de se faire craindre. L'Histoire nous apprend qu'il y en avait une à Miséne, pour la sûreté de la partie occidentale de l'Italie; une dans le Golfe Adriatique; une sur la mer rouge, pour protéger le commerce de l'Arabie, de l'Ethiopie & des Indes; une autre sur le Pont-Euxin, tant pour contenir dans l'obéissance ces vastes régions qui en sont proches, que pour se procurer les marchandises qui en provenaient, dont le commerce s'accrut si fort sous Antonin. Il y avais

vernement fut comme une ſource intariſſable, d'où la félicité ſe répandit ſur toutes les parties de l'Univers (113).

En vain reprochera-t-on à Auguſte ſa magnificence & ſes libéralités : les mines & autres richeſſes de l'Aſie (114), celles de l'Eſpa-

---

outre cela pluſieurs petites eſcadres ſur les fleuves les plus conſidérables de l'Empire. Voyez l'Hydrographie de Fournier, L. 19, ch. 41.

(113) De tous les Poëtes qui ſe ſont plûs à chanter le bonheur dont les Romains jouiſſoient ſous Auguſte, aucun n'y a réuſſi comme Horace : la deſcription charmante qu'il en fait eſt de main de Maître.

Tutus bos etenim rura perambulat :
Nutrit rura ceres, alma que fauſtitas :
Pacatum volitant per mare navitæ :
Culpari metuit fides ;
Nullis polluitur caſta domus ſtupris :
Mos & lex maculoſum edomuit nefas :
Laudantur ſimili prole puerperæ :
Culpam pæna premit comes, &c.

Hor. L. 4. Od. 4.

(114) Le détail des richeſſes que les Romains recueillirent en Aſie, paraîtrait incroyable, s'il n'était atteſté par différens Hiſtoriens. Pline nous aſſure, L. 33, ch. 11 & 12, que L. Scipion, ſurnommé l'Aſiatique, fit montre, le jour de ſon triomphe, de quarante-quatre quintaux & demi de vaſes d'argent tous gravés. Pompée, victorieux de Pharnaces, étala, le jour de ſon triomphe, la ſtatue d'argent

gne (115) ; les productions de l'Egypte, des Gaules (116), & de la Germanie ; celles des isles Bri-

---

de ce Prince, & les coches d'or & d'argent de Mithridate; Enfin, les dépenses immenses que firent ces deux Généraux, ainsi que tous ceux qui avaient eu part aux affaires de l'Asie, ne provenaient sûrement que du butin fait dans cette riche partie du monde. Le Sénat trouva le moyen de perpétuer ces richesses, en établissant des douanes dans les différens Ports de l'Asie soumis à la République. Cicéron nous en donne la certitude dans son Oraison seconde; *de lege agraria contra rullum*, *num* 29. » Quid nos Asia » portus, quid Siria rura, dit cet Orateur, quid omnia » transmarina vectigalia juvabunt, tenuissima suspicione » prædonum aut hostium injecta ».

(115) Voyez la note (50).

(116) Si la fertilité, presque inconcevable, de l'Egypte assurait aux Romains des ressources contre la disette, les productions des Gaules ne leur étaient pas moins avantageuses. Ces productions, sur lesquelles les Romains levaient de grands péages, & dans lesquelles je ne comprends point l'or qu'on tirait des Pyrénées, au rapport de Strabon, consistaient en bleds, vins, liqueurs, fer, bestiaux, draps & toiles, dont les Gaulois faisaient un commerce considérable. J'ai dit que Marseille & Narbonne étaient le modèle des villes commerçantes; j'ajouterai encore que Lyon ne l'était pas moins par sa situation, qui la rendit sous Auguste le rendez-vous ordinaire des Négocians Gaulois; & l'entrepôt des marchandises qui venaient par le Rhône & par la Saône. Voyez Strabon, L. 4. Il paraît que cette

tanniques (117), & les flottes considérables qui partaient de la mer rouge (118) pour la traite

ville n'a pas déchu de son ancienne splendeur; elle est encore aujourd'hui une des villes les plus florissantes du Royaume de France.

J'entends, par productions de la Germanie, seulement l'ambre que produisaient ses côtes septentrionales & dont j'ai déjà parlé.

(117) Voyez la note (90).

(118) Strabon, L. 17, dit qu'il partait annuellement, du port de la Souris, c'est-à-dire, de Myos-hormos, dont le mouillage valait infiniment mieux que celui de Bérénice, des flottes considérables pour le commerce des Indes & de l'Ethiopie, & qu'elles en rapportaient de très-riches denrées; mais Pline, L. 6, ch. 23, décrit exactement la route que ces flottes tenaient pour aller aux Indes. Elles partaient, dit cet Ecrivain, d'Alexandrie, & se rendaient à Juliopolis, petite ville distante de cette derniere d'environ deux milles où elles prenaient le Nil qui les conduisait à Coptos. Là, on trouvait des chameaux qui portaient les marchandises à Bérénice; la traversée était de douze jours, attendu qu'on ne voyageait que la nuit pour éviter les chaleurs excessives du jour. On partait de Berenice vers le solstice d'eté, pour se rendre à Ocellis, aujourd'hui Alherda, d'où elles faisaient voiles pour Musiris, dernière station des flottes Romaines. On n'est pas encore bien d'accord sur la situation actuelle de cette ville; les uns veulent que ce soit Chaul, d'autres Onor; je croirais plutôt, avec le Pere Hardouin, que c'est Calicut. Quoi qu'il en soit, c'était là que se faisait l'echange des marchandises,

des Indes, si lucrative à l'Empire; tout rendait

---

les flottes reprenaient ensuite le chemin de l'Occident. Il paraît que les Romains ne connaissaient point d'autres routes pour aller aux Indes, & cette idée semble se fortifier, lorsqu'on jette un coup-d'œil sur leur géographie, qui ne pouvait que les éloigner de celles dont ils auraient pu se servir; elle leur persuadait, & Pline, L. 2, ch. 68, confirme cette vérité, que la mer Caspienne était un golfe de l'océan. Montesquieu découvre le nœud de cette erreur. « On ne connut d'abord, dit cet Ecrivain, que le » midi de la mer Caspienne; on la prit pour l'océan: à » mesure que l'on avança le long de ses bords, du côté » du nord, on crut encore que c'était l'océan qui entrait » dans les terres. En suivant les côtes, on n'avait reconnu, » du côté de l'est, que jusqu'au Jaxarte, & du côté de » l'ouest, que jusqu'aux extrêmités de l'Albanie; la mer, » du côté du nord, était vaseuse, & par conséquent très- » peu propre à la navigation; tout cela fit que l'on ne » vit jamais que l'océan ». La route par le Cap de Bonne-Espérance leur était absolument inconnue, quoiqu'elle leur eût été ouverte depuis long-tems par les Phéniciens, qui firent le tour de l'Afrique par ordre de Néchos, & postérieurement par les Carthaginois; cependant, malgré les Critiques modernes, qui affectent de préconiser ces différens voyages, ce sera toujours aux Portugais que nous devrons la facilité que nous trouvons aujourd'hui à nous procurer les marchandises précieuses des Indes. Voy. Pline, L. 2, ch. 57; L. 6, ch. 23; Hérodote, L. 5, §. 42; Huet, Hist. du Commerce & de la Navigat. chap. 18 & 56; l'Esprit des Loix, L. 21, ch. 9.

le commerce floriſſant, l'abondance générale, & mettait ce Prince à portée de ſatisfaire ſes goûts, & de faire exécuter ſes volontés. Les Sciences & les beaux Arts excités par ſes Miniſtres, & ſes bienfaits, ajoutèrent au luſtre de la Capitale, devenue le Comptoir où tous les Peuples de la terre correſpondaient. Nés ſous un Souverain qui ne cherchait qu'à faire le bonheur de ſes Sujets, les Romains oubliè-rent aiſément la perte de leur liberté (119); & ce ne fut qu'au moment où ils ſe virent atta-chés aux chaînes du deſpotiſme, qu'ils regret-tèrent la domination républicaine, dont ils eſſayè-rent pluſieurs fois, mais en vain, de rétablir les fondemens.

Le ſiècle d'Auguſte fut en effet, pour les Romains, le plus beau moment de leur gloire. Vainement chercherons-nous dans l'Hiſtoire de ſes ſucceſſeurs, la ſplendeur & le crédit dont le Commerce jouiſſait ſous ce Prince; nous ren-

(119) Un peuple heureux ne ſe demande point, dit l'Abbé de Mably dans ſes Obſervations ſur les Romains, L. 2, page 139, s'il eſt libre ou ſi ſon bonheur durera; les Romains, bien loin de trembler en voyant la puiſſance ſans bornes, que poſſedoit Auguſte, la regardèrent comme le principe de la ſûreté publique.

contrerons

contrerons à chaque inſtant l'empreinte de l'aviliſſement, ſouvent du délire, & toujours de la décadence : je n'ai beſoin, pour le prouver, que de parcourir rapidement le règne des Empereurs qui, juſqu'à Conſtantin, furent aſſis ſur le trône des Céſars. L'avidité inſatiable de Tibère, fut, en quelque façon, le prélude des maux qui devaient accabler les Négocians & le Peuple. Ce Prince ambitieux, méfiant, irraſſaſiable, & le tyran de ſes Sujets (120), ne ſongeait qu'à

---

(120) « Le Prince, dit le modéré Lock, qui tirannise ſes » Sujets, peut être regardé comme leur faiſant la guerre ». Je ne comprends guère ce qu'il a voulu dire par-là. Un Prince ſe trouve quelquefois dans la néceſſité de tourner ſes armes contre ſon Peuple, & malheureuſement les hiſtoires modernes ne ſont que trop remplies de pareils exemples : doit-il être enviſagé pour cela comme un tyran ? Un Prince qui, par caprice ou par cruauté, déclarerait la guerre à ſes Sujets, pourrait être battu dans une campagne, & obligé d'aller commander ailleurs. Mais il n'en eſt pas de même du Prince qui tyranniſe réellement ſon Peuple. Il doit être conſidéré ſous un autre point de vue : perſuadé qu'il peut tout, il juge de ſon pouvoir par le nombre de ſes forfaits ; les actions les plus ſages paſſent pour les attentats les plus noirs ; les paroles les moins indiſcrètes deviennent des crimes à ſes yeux : enfin, c'eſt un Tibere, un monſtre, qui, ſous le maſque de l'hypocriſie, ne ſe ſert de l'autorité ſuprême qu'il a ſur des Sujets ſoumis, que pour répandre impunément leur ſang.

remplir ses trésors, sans s'appercevoir qu'il détruisait le commerce. L'argent devint d'une rareté incroyable ; le cours des espèces fut gêné, & la politique dont il se servit pour le rétablir, ne fit que le resserrer dans un espace plus limité (121). Le remède était entre ses mains ; il concevait parfaitement qu'il ne pourrait par-

(121) Au rapport de Suétone, Tibere avait amassé deux milliarts sept cents millions de sesterces, ce qui correspond à environ cinq cents quarante millions de notre monnoie, & ce qui ne doit point paraître étonnant, si l'on se rappelle l'état florissant où se trouvait l'Empire, lorsqu'il en prit les rènes. Cette somme resserrée dans ses coffres, gênait, comme de raison, la circulation ; mais soit avidité, ou ignorance dans cette partie, l'Empereur attribuait cette rareté d'argent aux monopoles des Publicains & autres Financiers, qui affirmaient les revenus de l'Empire : il rendit en conséquence un Edit, par lequel il leur ordonnait d'acheter des immeubles pour les deux tiers de leurs fonds : *ut fæneratores*, dit Suétone, *duas patrimonii partes in solo collocarent*. Mais bien loin que ce décret produisît l'effet que Tibere s'en était promis ; il mit la circulation entièrement en désordre. Les Financiers, sous prétexte d'obéir à l'Edit, rappellèrent leurs fonds, & feignirent d'acheter des terres, qui, au lieu d'enchérir, devinrent à beaucoup plus vil prix, par le peu d'argent en circulation. Enfin, il fut obligé d'y remédier lui-même ; mais ce ne fut pas sans regret. Suétone, Vie de Tibere ; Tacite, Annal. L. 4, ch. 17.

venir à animer la circulation du numéraire, qu'aux dépens de ses richesses. Il s'y résout cependant, & prête aux particuliers, sous toutefois bonnes cautions, trois cents millions de sesterces, c'est-à-dire, la neuvième partie de l'argent qu'il avoit dans ses coffres, qui fut bientôt dissipé par Caligula, dont les prodigalités & les folies (122), loin de réveiller l'émulation, assoupie par la trop

(122) Ce Prince dissipa, en moins d'un an, tous les trésors de Tibere : » Ac ne singula enumerem, immensas opes, » totum que illud Tiberii Cæsaris vicies ac septies millies » sestercium non toto vertente anno absumpsit : » mais ce ne fut pas là le comble de ses folies ; celle qui préjudicia le plus au commerce, fut ce pont qu'il fit construire entre Baïes & Pouzzoles. Il était formé d'un double rang de vaisseaux de transport qu'on avait fixés sur des ancres, & sur lesquels on avait pratiqué une chaussée semblable à la Voye Appienne. Ce pont devint, selon Suétone, le théatre des puérilités de l'Empereur. Je n'en ferai point le détail, pour ne pas fatiguer l'attention de mes Lecteurs. J'observerai seulement que les vaisseaux dont on se servit pour sa construction auraient pu être employés plus utilement, puisque leur nouvel usage renchérit les marchandises, & mit la famine à Rome. Il fallait sans doute que cette prophétie d'Horace s'accomplît entièrement :

« Ætas parentum, pejor avis, tulit
« Nos nequiores, mox daturos
« Progeniem vitiosiorem ».

Hor. L. 3. Od. 6.

grande économie de Tibere, ne servirent qu'à ruiner l'Etat (123).

Le Commerce parut respirer sous le règne du plus stupide des Empereurs, sous Claude. Les conquêtes de ce Prince en Angleterre, célébrées avec trop d'amphase, peut-être, par Sénèque (124), semblèrent rappeller aux Nations les ex-

(123) Cela ne serait peut-être pas arrivé à Tyr ni à Carthage. M. de Montesquieu fortifie cette idée, lorsqu'il dit que, dans tous les Pays de commerce, l'argent qui s'est tout-à-coup évanoui revient, parce que les Etats qui l'ont reçu, le doivent. Mais Rome n'était point dans ce cas là : à cette époque, elle s'attachait plus à conserver ses conquêtes qu'à agrandir son commerce ; les Provinces ne lui devaient que les tributs qu'elle leur avait imposés : ces tributs dissipés, l'Etat était appauvri, & il fallait avoir recours à la rapacité & aux injustices, pour pouvoir faire face aux dépenses ordinaires, & avoir encore, comme le dit l'Abbé de Mably, de quoi être voluptueux. Voyez l'Esprit des Loix, L. 22, ch. 23.

(124) Voyez, dans Sénèque, le premier acte de la tragédie d'Octavie. Juvénal semble encore faire allusion aux conquêtes de ce Prince, lorsqu'il dit, dans sa Sat. 2 :

» Arma quidem ultra
» Littora jubernæ promovimus, & modo captas
» Orcadas, ac minima contentos nocte Britannos :

On sait que cet Empereur subjugua en effet les isles Orcades, situées au nord de l'Ecosse. Voyez aussi Suétone, Vie de Claude ; Eutrope, L. 7.

ploits maritimes des vainqueurs de Carthage. Le Rhin fut, par ses ordres, marié à la Meuse, par un canal de communication (125) ; les Négocians chargés de l'approvisionnement de la Capitale, trouvèrent dans la générosité & la protection de l'Empereur, des avantages considérables (126) ; & ceux qui faisaient construire des vaisseaux, des privilèges honorifiques. Que ce soit la crainte la plus pusillanime qui ait porté Claude à rétablir la Marine & le port d'Ostie, comme l'assure Suétone (127), ou réellement l'envie de

---

(125) Voyez Dion Cassius, L. 60.

(126) Les gains qu'il proposa aux Entrepreneurs dans cette partie, furent si considérables, dit Suétone, qu'il prit toutes les pertes sur lui : « Negotiatoribus certa lucra proposuit, suscepto in se damno si cui quid per tempestates accidisset ». Il accorda outre cela le droit de Bourgeoisie aux Fabricateurs de vaisseaux. Suétone, Vie de Claude.

(127) Cet Historien attribue à la pusillanimité naturelle de ce Prince tout ce qu'il fit pour la propagation du commerce. Le port d'Ostie n'en fut pas moins réparé ; l'Empereur y fit élever de plus un Phare dans le goût de celui d'Alexandrie : « Ostiæ portuum Claudius fecit, cum Pharo » ad similitudinem portus & Phari Alexandrini ». Moriot, Hist. Orb. Marit. L. 1, ch. 19. Voyez aussi Dion, L. 60. Ce fut sous le règne de Claude, que des Embassadeurs partis de la Taprobane, vinrent à Rome pour demander l'amitié &

ſoulager ſon Peuple, ſon application aux affaires & l'attention qu'il eut de faire adopter la Juriſprudence navale des Rhodiens (128), ne firent pas moins renaître l'abondance, & fleurir le commerce, détruit par ſon prédéceſſeur.

« C'eſt ici, remarque M. de Monteſquieu, » qu'il faut ſe donner le ſpectacle des choſes hu- » maines. A quoi aboutirent toutes ces guerres

---

l'alliance du peuple Romain : ils informèrent l'Empereur de la ſituation de leur iſle, de la qualité de ſes productions, & du commerce qu'ils avaient avec les Séres ; mais leur rapport n'annonça ni de grands Marins, ni de grands Aſtronomes : ils étaient ſi peu verſés dans ces ſciences, que, dans leurs navigations, ils ne ſe ſervaient point de la grande ourſe pour guide, à l'exemple des autres Peuples navigateurs, mais ils avaient ſoin de porter des oiſeaux, auxquels ils donnaient l'eſſor, lorſqu'ils voulaient connaître la poſition des côtes les plus voiſines, pour y diriger leurs courſes : « Syderum in navigando nulla obſervatio ; ſeptentrio non » cernitur : ſed volucres ſecum vehunt, emittentes Sæpius, » meatumque earum terras petentium comitatur ». Au reſte, il ne paraît pas que les Romains ayent commercé avec ces Inſulaires : on peut voir ce qu'en dit Pline, L. 6, ch. 22.

(128) Voyez Gravina, *de Legibus & Senatus conſultis*, §. 111, p. 471., & une diſſertation très-approfondie de M. de Paſtoret, ſur l'Influence des loix maritimes des Rhodiens ſur la marine des Grecs & des Romains, part. 3, p. 119.

» entreprises, ces grandes actions, cette poli» tique, cette sagesse, cette prudence, ce cou» rage, ce projet d'envahir tout, si bien formé, » si bien soutenu, & si bien fini » ? A assouvir le bonheur de cinq ou six monstres, parmi lesquels le successeur de Claude tient, sans contredit, le premier rang. Si le commencement de son règne fut pour les Romains du plus heureux présage, de combien de crimes ne se souilla-t-il pas dans la suite ! Tout devait concourir à rendre son Empire odieux & méprisable (129). La Marine fut négligée ; le mérite ne fut point récompensé ; l'activité disparut ; l'encens & les aromates de l'Arabie, tinrent lieu des marchandises des Indes (130) ; la mer

---

(129) Voyez le tableau qu'en fait Suétone, Vie de cet Empereur.

(130) En développant l'état du commerce des Romains sous Auguste, j'aurais pu donner une notion du trafic qu'ils faisaient avec les Arabes ; mais comme il était pour ainsi dire dans sa naissance, & qu'il ne consistait qu'en encens, & autres aromates, dont la consommation m'a paru plus considérable sous le règne de Néron, j'ai cru devoir attendre jusqu'à ce moment pour le mettre sous les yeux de mes Lecteurs.

L'Arabie n'était plus cette contrée fertile qui abondait en or & en pierreries : selon les livres saints, l'encens

fut couverte de pirates, & le commerce, que

& les aromates qu'elle a produits de tous les tems, formaient toutes ses richesses. Ses habitans, jadis si braves, ne connoissaient plus d'autres occupations que le brigandage : le commerce qu'ils entretenaient cependant toujours avec les Egyptiens, avait inspiré à Auguste le desir de la subjuguer. Ce Prince était trop bon politique pour ne pas appercevoir que la conquête de l'Arabie lui donnerait d'un côté la souveraineté de la mer rouge, dont les deux bords appartenaient aux Arabes, selon Ptolomée, L. 4. ch. 45, & de l'autre beaucoup plus de facilité pour commercer aux Indes : en conséquence, il ordonna à Æ. Gallus, Gouverneur de l'Egypte, d'y passer avec une armée pour la lui soumettre ; mais ce Général ayant eu le malheur de perdre plusieurs vaisseaux, se vit forcé à laisser son expédition imparfaite ; il établit cependant dans le bourg Blanc, un Receveur, qui prenait le quart sur les marchandises qui y abordaient, sur-tout sur l'encens, dont l'Arabie avait le privilege exclusif, comme il paraît par ce vers de Virgile, Georg. L. II, v. 117 :

» Solis est thurea virga Sabæis ».

Mais le plus grand débit des aromates se faisait à Muza, à présent Zibit. C'était le rendez-vous des Négocians Romains qui s'attachaient à cette partie : elle leur était infiniment profitable ; car la consommation des aromates s'accrut si fort sous Néron, qu'à peine en trouvait-on assez pour l'usage, ou pour mieux dire, les puérilités de l'Empereur, qui négligeait d'un autre côté le commerce des Indes, auquel Trajan rendit sa premiere splendeur. Pline, L. 6, ch. 23, L. & 13, ch. 11.

nous venons de voir si florissant sous Auguste, tomba enfin dans l'état le plus languissant. L'Histoire ne nous apprend point qu'il ait pris quelque accroissement sous le règne de Galba, d'Othon & de Vitellius, qui n'eurent pas le tems de s'affermir sur le trône (131). Vespasien ne songea d'abord qu'à étouffer les divisions qui régnoient dans Rome, corriger les abus (132), donner de la vigueur aux loix, & réformer les mœurs,

(131) Ces trois Empereurs se succédèrent si rapidement & dans des tems si orageux, qu'il est impossible de connaître le degré d'influence que leur règne produisit sur le commerce. Voyez Suétone, Vies de Galba, d'Othon & de Vitellius.

(132) Voici comme s'exprime Suétone, Vie de Vespasien : « Ac per totum imperii tempus nihil habuit antiquius, quam prope afflictam nutantemque rempublicam, » stabilire primo, deinde & ornare ». Mais cet Empereur s'attacha particuliérement à réformer les mœurs, en détruisant les abus qui favorisaient la corruption : rien ne le prouve tant que le Sénatus consulte Macédonien que nous devons à ce Prince, selon Suétone : « Author Senatui fuit » Vespasianus, dit cet Historien, decernendi ne filiorum » familias fœneratoribus exigendi crediti jus unquam esset, » hoc est, ne post patris quidem mortem ». Voyez dans Terrasson, Hist. de la Jurisf. rom. part. 3, les raisons qui portèrent Vespasien à mettre les enfans de famille à couvert des vexations des usuriers.

que le luxe & la débauche avaient totalement corrompues. Il recula les limites de l'Empire (133), & le Commerce n'en fut pas mieux rétabli. Il ne le fut pas davantage sous Titus, qui trouva, par d'autres moyens, celui de faire le bonheur de ses Peuples (134).

Il ne faut pas penser cependant que le Commerce fut sous le règne de ces deux Empereurs, dans le même état où les bassesses de Néron l'avoient jetté. Quoique les Négocians ne s'occupassent point à faire de nouvelles découvertes, il est à présumer qu'ils exercèrent leur commerce avec beaucoup plus de facilité; qu'ils y trouvèrent beaucoup plus de bénéfice sous des Princes justes & bienfaisans, tels que l'étaient Vespasien & Titus, & que le commerce & l'industrie dûrent

(133) Ce fut sous le règne de cet Empereur, que l'Isle de Rhodes, si renommée dans l'antiquité par son commerce, & plus encore par sa législation, fut réunie à l'Empire Romain, & augmenta le nombre de ses Provinces.

(134) Titus fit les délices de ses Peuples, & jamais Prince ne fut plus digne d'en être chéri: tout le monde connaît les belles paroles de cet Empereur, qui devraient être la leçon des Rois: *Amici diem perdidi.* Le peu de tems qu'il régna, ne lui permit pas de veiller à la propagation du commerce: les Historiens se taisent du moins sur cet objet.

ſortir de l'eſpèce de léthargie dans laquelle ils avaient paru plongés. Domitien (135) & Nerva ne s'adonnèrent pas davantage aux affaires de la mer, qui firent au contraire la principale occupation de Trajan, Prince magnanime, libéral, doué des plus grands talens & des plus rares vertus, qui « doit ſervir de modele à tous les » Rois, dit l'Abbé de Mably, & tel que la Pro» vidence le donne à un Peuple quand elle veut » le rendre heureux (136) ». Le Commerce devait néceſſairement fleurir ſous le règne de cet Empereur, qui ſignala ſon avénement à l'Empire par

---

(135) Domitien défendit à ſes Sujets de planter des vignes, de laiſſer même ſubſiſter la moitié de celles qui exiſtaient, perſuadé, dit Suétone, qu'elles nuiſaient au labourage. Monteſquieu ne penſe pas tout-à-fait de même; il impute cette défenſe à la lâcheté de l'Empereur. « Il craignait, dit-il, que les barbares ne fuſſent attirés » par cette liqueur. Probus & Julien, qui ne les craigni» rent jamais, en rétablirent la plantation ». Il paraît qu'on doit préférer le ſentiment de Suétone; car s'il n'y avait eu que la crainte des barbares qui eût porté Domitien à prohiber la culture des vignes, Trajan & Marc-Aurèle, à coup ſûr, l'auraient rétablie. Suétone, Vie de Domitien; l'Eſprit des Loix, tom. 2, L. 21, ch. 2.

(136) Voyez l'Abbé de Mably, Obſervations ſur les Romains, L. 3, p. 182.

la diminution des impôts, dont le Peuple était surchargé (137). Il arrêta les vexations des Publicains, & sévit rigoureusement contre les Gouverneurs de Province accusés de concussion; ce qui mit par-tout l'abondance (138). Victorieux des Daces, & maître du Danube, il fit construire à Centumcelle (139) un port, pour la commodité des Romains & des Négocians

(137) Il modéra en effet l'imposition du vingtième, établie par Auguste, sur les successions collatérales.

(138) Ce Prince ne sévit pas en vain contre les Gouverneurs des Provinces. L'attention qu'il eut de mettre les Peuples à couvert de leurs déprédations & de leurs injustices, devint si salutaire à Rome, que cette Capitale n'avait jamais été si abondamment pourvue; aussi fut-elle la ressource des Egyptiens affligés de la famine, ce qui paraîtra peut-être extraordinaire à mes Lecteurs; mais ils voudront bien se rappeller que l'Egypte ne doit sa fertilité qu'aux débordement du Nil. La crue de ce fleuve ne s'étant point portée cette année là à la hauteur nécessaire, cette Province fut frappée de stérilité.

(139) Ce fut après la conquête de la Dacie, que Trajan fit construire à Centumcelle en Toscane un superbe port; aujourd'hui celui de Cévita Véchia, & un autre à Encone. Il fit aussi élever un pont sur le Danube, un autre sur le Tygre, fit faire des grands chemins, & plusieurs autres ouvrages non moins utiles au commerce. Dion, L. 63; Morisot, Orb. Marit. Hist. L. ch. 1, 19.

étrangers. Rien ne manquait à la grandeur de ce Prince. L'Arabie conquise (140), les Par-

(140) Comme l'Arabie est connue sous différens rapports, je crois devoir observer que ce fût la Pétrée qui fit partie des conquêtes de Trajan. Quelques Auteurs modernes veulent que ce Prince ait pénétré jusqu'à Aden, qu'il se soit rendu maître de cette ville, & qu'il ait établi un Bureau de Douane dans le bourg de Leucé. Tout cela respire la fausseté la plus évidente; il n'y a qu'à lire les Historiens pour se convaincre de la vérité. Ce fut en effet sous le règne de cet Empereur que l'Arabie Pétrée fut réunie à l'Empire Romain : « Per idem tempus, dit Dion, L. » 68; Palma præfectus syriæ, cepit eam Arabiæ partem, » que petram attingit, redegit que in ditionem populi » Romani ». Mais ce passage ne dit point que Trajan ait parcouru l'Arabie heureuse; la remarque de l'Auteur du Périple de la mer rouge, ne le confirme pas davantage : ce Prince, à la vérité, descendit le Tigre, se rendit dans l'océan par le sein Persique, établit une flotte sur la mer rouge, pour protéger la traite des Indes; mais tout cela ne prouve point qu'il ait été jusqu'à Aden : cette ville, connue autrefois sous le nom d'Arabie, avait été d'ailleurs ruinée par Caïus César, petit-fils d'Auguste. Quant au Receveur dont parle Arrien, il est plus probable que ce fut Æ. Gallus, Gouverneur de l'Egypte; qui l'établit, comme on l'a vu dans la note (130), attendu que ce Général avait réellement passé dans l'Arabie heureuse, à la tête d'une armée, par ordre de son Souverain. Voyez Dion, L. 68, & l'Hist. des Emp. par Tillemont, règne de Trajan.

thes subjugués, l'océan, dont il avait voulu découvrir la nature, franchi, la Traite des Indes rétablie (141); tout rappella l'ancienne gloire maritime, & contribua au bonheur des Négocians. Car, quoique le Commerce ne fût point le véritable mobile des belles actions de Trajan, il n'est pas possible de croire qu'il n'y eût point de part; de même que les différens voyages d'Adrien, préjudiciables peut-être à l'agrandissement de l'Empire, mais infiniment utiles au Commerce (142). Ce Prince, ami des Lettres,

(141) Rien ne prouve tant le discrédit dans lequel était tombé le commerce des Indes, que cette flotte établie par Trajan, sur le golfe Arabique, pour proteger les vaisseaux marchands qui se rendaient encore dans ces parages: Eutrope attribue son institution au desir qu'avait ce Prince d'aller ravager les Indes, mais il lui aurait fallu la jeunesse d'Alexandre. Trajan s'était expliqué ouvertement à cet égard: la flotte qui croisa par ses ordres sur la mer rouge, ne fut établie que pour arrêter les pirateries des Arabes, & autres brigands qui infestaient les mers, & rendre au commerce & à la navigation la liberté, l'activité, & la sûreté qu'ils n'avaient plus. Voyez Eutrope, & Dion, L. 68.

(142) Aucun Empereur Romain n'aima plus à voyager qu'Adrien: quoique la curiosité eût beaucoup de part à ses voyages, il ne laissa pas cependant de les rendre avantageux au commerce; il rétablit quelques villes, particuliérement celles de Nicée & de Nicomédie sur l'Helles-

& protecteur des Arts, rendit encore différens Réglemens, dans l'esprit de corriger les abus qui s'étaient glissés dans le Commerce (143).

Qu'on ne s'attende pas à voir reparaître sur le théatre de la guerre, les beaux exploits militaires des anciens Chefs du Capitole. Rome,

---

pont, fit bâtir un port & un temple à Trébizonde, & embellit plusieurs Provinces d'édifices aussi curieux que rares: on sait que Nismes, en Languedoc, doit ses arènes à ce Prince, & Rome son château St. Ange. Voyez Dion, L. 68; Arrien de Pont, p. 1 & 10; Tillemont, Hist. des Emp. Vie d'Adrien.

(143) On en fit une compilation qui porta pour titre, *Edictum perpetuum*. Quoique les différens réglemens qui composaient ce fameux code, eussent été dictés par la sagesse & la plus saine politique, on en apperçoit cependant quelques-uns qui ne sont pas des plus équitables. Je ne citerai, entre autres, que celui qui avait pour objet les vols commis après un naufrage arrivé près des côtes. La loi ordonnait que les possesseurs des terres les plus voisines de l'endroit où le naufrage avait eu lieu, dédommageraient du vol les Propriétaires des choses naufragées. Ce décret arrêtait en quelque façon le brigandage de ceux qui habitaient les côtes; mais il arrivait aussi que l'innocent payait souvent pour le coupable. Stypmani, Jus Maritimum, part. 4, ch. 28, §. 48; Syntagma, Juris Universi, L. 35, ch. 5, §. 31, Lex 25; Cod. L. 9, tit. 47, *de Pœnis*; Pastoret, de l'Influence des Loix Marit. des Rhod. sur la marine des Grecs & des Romains, part. 1, p. 32.

maîtresse de l'Univers , maîtrisée tour-à-tour par des usurpateurs ou des tyrans , qui semblaient perpétuer sur le trône l'ignorance & l'avilissement, marchait à grands pas vers sa ruine. Le Commerce, détruit ou florissant, selon la capacité ou l'ineptie de l'Empereur, n'était soutenu que par un fantôme de Prince, paré des ornemens impériaux, qui inspirait bien souvent plus de mépris que de vénération : aussi voyons-nous, malgré toutes ces loix favorables au Commerce, émanées du trône des Césars, Rome, Rome elle-même ravagée par des séditions domestiques, occasionnées par la disette des vivres, & la République devenir, par une suite, la proie de tous ceux qui osèrent l'attaquer.

Cette décadence, fruit ordinaire d'une mauvaise administration, devait nécessairement entraîner celle du Commerce, que nous verrons cependant fleurir encore un instant sous quelques bons Princes qui le protégèrent (144), & tomber ensuite dans un état si languissant, qu'il se trouva comme enseveli sous les débris du Capitole. Antonin, qui mérita, par ses vertus, le surnom de Pieux, qui n'avait pas, à la vérité,

(144) Sous les bons Empereurs, l'Etat reprenait ses principes, dit Montesquieu; le trésor de l'honneur suppléait aux autres trésors.

l'ambition

l'ambition de reculer les limites de l'Empire, mais celle de les conſerver (145); qui s'occupa ſoigneuſement de la Marine; Antonin, dis-je, ne put que difficilement tenir la balance du Commerce en équilibre (146). Marc-Aurèle, ne fut pas plus heureux. Ce Prince montra ſur le trône les vertus de ſon prédéceſſeur, & le Com-

(145) » Deffendere magis provincias quam amplificare » Studens. » Eutrope, L. 8.

(146) Quoique le commerce ne prît point de nouveaux accroiſſemens, il ne perdit cependant aucune de ſes branches. Les Romains durent à Antonin le rétabliſſement du Phare du port de Gaïete, & la reconſtruction du port de Terracine; il paraît même que ce Prince s'adonna pendant quelque-tems aux affaires de la mer. La ville de Nicomédie fut ſous ſon règne l'entrepôt des marchandiſes qui venaient par le Pont-Euxin, de toutes les provinces que renferme aujourd'hui la Georgie, mais particulièrement de la Colchide, ſi renommée par le voyage qu'y firent les Argonautes pour la conquête de la Toiſon d'Or. Ces marchandiſes conſiſtaient en bleds, poiſſons, (car la pêche du Pont-Euxin, formait, comme celle de l'Archipel, un objet conſidérable dans les revenus de l'Empire) grains, lin, miel, cire, laine, rhubarbe, chevaux, bois de charpente, bois de buis, quelques pierreries, & principalement en fourrures. Toutes ces marchandiſes partaient de Trebizonde, & arrivaient à Nicomedie, d'où on les faiſait paſſer à l'iſle de Deſlos, pour être diſtribuées dans toute l'Europe. Voyez Jul-Capitolin; Huet, Hiſt. du Com. & de la Navig. ch. 43.

merce ne s'en accrut pas davantage (147). Mais il fut bien moins florissant sous Commode, qui crut, sans doute, réparer les maux qu'il avait faits à ses Sujets, en établissant, à l'exemple d'Auguste, une seconde flotte, uniquement destinée à transporter le bled de l'Afrique à Rome (148), & en ordonnant que les vivres se vendraient à un bas prix ; mais les Réglemens qu'il rendit à ce sujet, ne firent qu'augmenter la cherté des denrées. Le goût qu'avait Pertinax pour le Com-

(147) Le règne de Marc-Aurele fut marqué par les calamités les plus affreuses. Tous les fléaux se firent presque sentir, ce qui ne contribua pas peu à détruire les projets que ce Prince avait conçus pour la propagation du commerce. L'Histoire nous apprend que ce fut dans cet esprit qu'il ordonna que la représentation des pantomimes se ferait plus tard les jours de marché : « Jusserat enim » ne mercimonia impedirentur, tardius pantomimos exhiberi » non votis diebus ». Jul-Capitolin.

(148) Les Historiens sont presque tons d'accord sur l'institution de cette nouvelle flotte. Je rapporterai seulement ce qu'en dit Morisot dans son Hist. Orb. Marit. L. 1, ch. 23, p. 145. « Fuit ut jam diximus sub Augusto classis Alexandrina, » quæ & frumentaria vocata, &c. Præter Alexandrinam, » alteram annonariam sive frumentariam classem instituit » commodus. Nominavit que Africanam, quæ subsidio foret, » si Alexandrina frumenta cessarent, præfectum que annonæ » Africæ instituit ».

merce, sa politique & ses connaissances réveillèrent l'industrie ; son règne fut comme un de ces rayons bienfaisans, qui dissipent par leur chaleur les vapeurs grossières qui pesent sur l'atmosphère. Ce Prince pourvut sagement aux vivres, c'est-à-dire, par des Edits faits à propos. S'étant apperçu que les dépenses ordinaires de sa Maison absorboient la majeure partie des revenus de l'Etat, il voulut lui-même donner à son Peuple l'exemple de l'économie ; il mit une règle admirable dans ses dépenses : il les réduisit de moitié, & ne dérogea jamais à cette réforme. Ses bienfaits se répandirent sans distinction sur tous ses Sujets ; il leur permit de cultiver les terres qui étaient en friche, & voulut qu'ils jouissent à perpétuité de tout ce qu'ils auraient cultivé, sans même en payer aucun impôt durant dix ans. La Marine ne fut point négligée ; les Romains furent encore respectés sur les flots, & Pertinax crut digne & de sa puissance & de son autorité, d'abolir les tributs que des tyrans avoient imposés sur la mer, les fleuves, les ports & les grands chemins (149).

---

(149) Tout le monde, dit Dion, se trouvait bon dans ce tems pour parvenir à l'Empire ; heureux encore si tous ceux qui s'y élevèrent eussent eu les belles qualités de ce

Cet acte de justice, qui aurait dû ramener le beau siècle d'Auguste, n'eut cependant pas une influence bien caractérisée sur le Commerce; les Négocians ne devinrent ni plus ardens, ni plus riches, quoiqu'ils ne fussent plus, à cette époque, ces hommes avilis par les loix, avilis par leur profession, craignant, pour éviter le mépris de leurs concitoyens, d'étaler les marques certaines de leur industrie. L'exemple des Empereurs, les besoins de la Capitale, & sur-tout le luxe qui y régnait, les avaient rendus nécessaires, & les avaient fait même respecter. Le voyage fructueux de Sévere, en Orient; l'attention scrupuleuse qu'il donna aux affaires de l'Angleterre (150), &

Prince! Son père, Ligurien de naissance, marchand de profession, lui avait transmis & ses lumières sur le commerce, & les richesses qu'il y avait acquises. Avec de tels ressorts, Pertinax ne tarda pas à se distinguer, & à obtenir l'Intendance des vivres. Etant enfin monté sur le trône, il ne crut pas en obscurcir la majesté, en diminuant d'une moitié les dépenses qu'occasionnait la suite fastueuse des Empereurs, & en s'occupant lui-même très-scrupuleusement de tout ce qui était relatif au commerce & à la navigation. Cette application utile & sérieuse le porta à abolir les impôts auxquels on était asservi. Stypmanni, Jus Maritimum, part. 1, ch. 6, §. 19, Jul. Capitol.; Dion, L. 79.

(150) Ce fut pour empêcher les incursions des habitans

particulièrement au commerce ; & plus encore, la conduite de Caracalla ; l'exception qu'il fit des Marchands dans l'ordre cruel & sanguinaire qu'il donna à Alexandrie (151), est la preuve

---

de l'Ecosse, c'est-à-dire, des Pictes & des Scots, que ce Prince fit construire un mur de vingt-cinq lieues de long, dans la province de Northumberlan, entre Neufchâtel & Carlisle. Il était défendu par un fossé large & profond, & par des forts situés d'espace en espace, où on avait placé, disent quelques Historiens, des trompettes qui se répondaient les uns aux autres, pour avertir lorsqu'on verrait approcher les barbares, car les Romains n'appellaient pas autrement les Peuples qui avaient su leur résister. Il paraît que l'Empereur Adrien avait lui-même donné le plan de cet ouvrage, qu'il avait même fait élever un mur de terre & de gazon ; mais Sévere le fit revêtir de pierres de taille. Voyez Spartien & Eutrope, L. 8.

(151) De tous les crimes dont cet Empereur se rendit coupable, le massacre qu'il fit exécuter à Alexandrie est certainement le plus atroce. On n'y épargna absolument que les Négocians, qui durent, pour la première fois, à leur profession la cause de leur délivrance : mais ce qui est tout-à-fait singulier, c'est que ce Prince, ennemi des Alexandrins, ait été le premier des Empereurs qui les ait admis dans le Sénat : c'était vraisemblablement pour effacer l'ignominie dont il venait de les couvrir. Au reste, il serait bien difficile de porter un jugement quelconque sur le caractère de ce nouveau Caligula. Voyez Dion, L. 78, & Spartien.

la plus authentique de cette vérité C'est ce Prince, couvert de tous les crimes de Néron, qui accorda le droit de citoyen Romain à tous les Sujets de l'Empire; mais il est à présumer qu'il ne connut que faiblement toute l'importance des décrets qu'il rendit à cet égard (152).

Le règne de Macrin ne nous offre rien sur le Commerce. Celui d'Héliogabale beaucoup de prodigalité, quelques branches de Commerce perdues (153), & des traits de démence qui

---

(152) Je laisse aux Lecteurs éclairés à décider si cette constitution dont il est parlé dans la loi 17, au digeste *de Statu Hominum*, était avantageuse ou nuisible au bien de l'état: si Rome, en adoptant pour citoyens des sujets qui lui obéissaient, qui travaillaient pour elle, fournissait à tous les vrais moyens de s'affectionner pour elle, ou si en confondant ses anciennes maximes, & les droits de ses citoyens, avec des préjugés nationaux, elle n'affoiblissait pas plutôt l'attachement des citoyens pour leur Métropole? C'est un problême, que je ne chercherai point à resoudre, de crainte de tomber dans le paradoxe. J'observerai seulement que le seul motif qui porta Caracalla à rendre cette constitution, fut l'augmentation des revenus du fisc; car les étrangers étaient exempts de plusieurs impositions auxquelles les citoyens se trouvaient assujettis. Ainsi, sous prétexte de réunir sous un seul nom, tous les Peuples de l'Empire, de faire de Rome la patrie commune des habitans de l'univers, l'Empereur ne cherchait qu'à remplir ses trésors.

(153) Il était impossible que le commerce ne perdît

auraient pu devenir funestes aux Négocians, si Alexandre Sévere, qui lui succéda, Prince vertueux & bienfaisant, n'eût jugé le Commerce digne de ses soins & de son attention. Les im-

---

point quelqu'une de ses branches, sous le règne d'un Prince tel qu'Héliogabale. Il n'y a qu'à tirer le rideau sur sa conduite, pour se former une idée de son gouvernement, c'est-à-dire de ses vices & de ses infamies. Des Ministres aussi ineptes que vils, n'ayant pour tout mérite auprès de leur maître, que le courage de marcher sur ses traces; des Gouverneurs de province choisis parmi les esclaves, un Sénat de femmes établi sur le mon Quirinal, pour être arbitre du luxe & de la coquetterie; tels étaient les personnages qui gouvernaient l'Empire Romain, & qui tenaient entre leurs mains la balance du commerce. Peut-on s'étonner qu'elle penchât du côté de l'oppression? « Le commerce fuit » d'où il est opprimé, dit Montesquieu, & se repose où » on le laisse respirer. » Belle Sentence qui ne se justifie que trop souvent dans les états despotiques. Aussi le bled qui arrivait régulièrement à Rome de la Sicile & de l'Egypte, prit bientôt une autre route; on fut obligé, pour remédier à la disette, de vuider les greniers publics; l'huile ne fut plus si abondante; les citoyens se trouvèrent même frustrés du don gratuit qu'on leur en faisait depuis Sévere : enfin le Peuple fut dans la misère, & il fallut toute l'économie, la vigilance & la sagesse d'Alexandre, pour rétablir l'ordre & ranimer l'industrie. Voyez l'Ampride, Vie d'Héliogabale & d'Alexandre Sévere; Dion, L. 79; l'Esprit des Loix, L. 22, ch. 5.

pôts furent d'abord diminués ; il en ôta même plusieurs, & défendit de nouveau, principalement aux Sénateurs, les intérêts usuraires. Mais ce qui rendit le Commerce florissant dans Rome, ce furent les privilèges qu'il accorda au Négocians, dans l'intention de les y attirer (154). Ce Prince établit encore plusieurs Corps ou Maîtrises, à la tête desquels il mit des Défenseurs & des Juges particuliers, c'est-à-dire, des Syndics (155). Ces encouragemens excessifs, dont on était redevable à l'expérience & à la sagacité de l'Empereur, devaient naturellement introduire dans le commerce cette vigueur qui en fait la base, & qui n'avait existé que sous les Auguste & les Trajan; malheureusement, ce ne fut que

(154) » Negotiatoribus, dit l'Ampride, ut Romam » volentes concurrerent, maximam immunitatem dedit. » Oleum quod Severus populo dederat, quod que Heliogabalus imminuerat, Turpissimis hominibus præfecturam » annonæ tribuendo, integrum restituit. Mechanica opera » Romæ plurima instituit ». Voyez l'éloge que fait cet Historien d'Alexandre Sévère.

(155) » Corpora omnium constituit vinariorum, lupinariorum; caligariorum, & omnino omnium artium; » hisq, ex sese defensores dedit, & jussit quid ad quos judices pertineret. » Voyez l'Ampride, (dicto loco) Aurel. Victor, de Cesaribus.

l'ouvrage du moment; c'étaient des cordiaux inutiles dans un corps épuisé. L'irruption fréquente des Barbares du Nord, & les guerres continuelles que les Romains furent obligés de soutenir contre des Sujets qui voulaient se soustraire à leur domination, éloignèrent les successeurs d'Alexandre du soin de s'occuper du commerce & de la navigation.

Le trafic que Maximin exerça avec les Goths (156); l'attention momentanée que Gordien & Philippe donnèrent à la sûreté des vivres, n'eurent aucune influence sur le commerce (157); le règne de Déce & de Gallus, n'y fut pas plus avantageux; l'Empire était ravagé de tous les côtés. Les Goths, les Bourguignons & les Carpes, en Europe; les Scythes & les Borans (158), en Asie, & une grande

---

(156) » Et in Thracia in vico ubi genitus fuerat possessiones comparavit ne semper cum Gothis commercia » exercuit. » Jul. Capitolin. in Maximin.

(157) Jules Capitolin, *ibidem*.

(158) Parmi les peuples Scythes qui firent des incursions sur les terres de l'Empire, on compte les Borans : ils avaient emprunté quelques vaisseaux des habitans du Bosphore, (car ce Royaume, comme l'observe Zosime, ne se regardait plus comme allié du peuple Romain), &

partie de l'Afrique, tous ces Peuples se révoltèrent, & portèrent au commerce le coup le plus dangereux (159). En vain Valérien crut, par sa modération, rétablir les affaires de l'Etat; l'inondation des Perses dans l'Asie mineure, obligea ce Prince de porter ses armes en Orient, où il trouva la honte, l'esclavage & la mort (160). L'indolence, ou, pour mieux dire, l'impéritie de son successeur, ne contribua pas peu à la perte de la Dacie, & au soulevement de l'Espagne, des Gaules & de l'Egypte (161); c'en eût été fait

---

descendirent dans la Colchide. Cette contrée présentant à ces barbares tout ce qui pouvait les satisfaire, ils se répandirent dans le plat Pays, s'emparèrent de Pithyonte, pénétrèrent jusqu'à Trébizonde, qu'ils pillèrent, & détruisirent par-là le commerce du Pont-Euxin que nous avons vu si florissant sous Antonin. Voyez Zosime & Zonare.

(159) L'irruption fréquente des barbares, & sur-tout la piraterie qu'ils exerçaient, mirent en effet le commerce dans l'état le plus languissant. Comme il ne devait ses vicissitudes, son accroissement, & sa décadence qu'aux divers événemens qui survenaient dans l'Empire, & aux caractères des Empereurs, ainsi que je crois l'avoir déjà prouvé, on ne doit pas être surpris de le voir sous Valérien dans le discredit le plus affreux.

(160) Voyez Zosime & Zonare.

(161) On ne peut s'empêcher de gémir sur le sort de l'Empire, en voyant les conquêtes de Trajan devenir sous le

du commerce, si Claude & Aurélien n'étaient montés sur le trône : ce dernier sur-tout, qui réunissait aux vertus d'un grand Capitaine, la sévérité & la politique d'un Républicain, ne tarda pas à s'appercevoir de l'état affreux où se trouvait l'Empire, des vexations continuelles qu'il éprouvait, & n'oublia rien pour en arrêter le cours. Rome avait besoin d'un Chef tel que lui (162), tant pour contenir des ennemis qui se multipliaient chaque jour, que pour rendre au commerce les ressorts qu'il n'avait plus. Quelques victoires remportées sur les Barbares, jointes à la haute réputation que l'Empereur s'était acquise sous Valérien, dissipèrent bientôt cet esprit de révolte qui régnait par-tout, &

---

régne d'un automate, le partage des barbares. Le commerce aurait été entièrement détruit, si Gallien eût eu un successeur, qui, comme lui, n'eût pas craint de répondre à ceux qui l'auraient prévenu des soulévemens de quelques provinces, *qu'on pouvait vivre aisément sans le secours de leurs productions.* Voyez Eutrope, L. 9, Trebell.

(162) J'ai suivi le texte de Vopiscus: « hic finis, dit » cet Historien, Aureliano fuit principi necessario magis » quam bono. » En effet, on reprochera toujours à Aurélien la dureté de son caractère. Voyez Flav. Vopiscus, in Aurelian.

mirent ce Prince, vainqueur de Zénobie (163) & de l'Orient, en état d'exécuter les projets de commerce qu'il avait conçus, dont les effets furent si avantageux à la nation (164). L'Egypte

---

(163) Cette Princesse avait profité fort adroitement de la foiblesse de l'Empire pour agrandir ses Etats. Déja l'Egypte, la Capadoce, la Bithynie recevaient ses loix : elle se proposait même de renverser le Capitole ; mais elle trouva dans Aurélien son vainqueur & son maître. La chûte du trône de Palmire eut quelque influence sur le commerce. Les Provinces de l'Asie-mineure, dont Zénobie s'était emparée, rentrèrent sous la puissance des Romains, & par ce moyen les vaisseaux marchands se rendirent plus sûrement à Bysance, ville d'un très-grand commerce, & les marchandises qui venaient ordinairement de Trébizonde à Nicomédie, reprirent leur cours ordinaire. Vopiscus (ibidem).

(164) Aurélien fut le premier des Empereurs qui fit distribuer du pain au peuple : auparavant on ne donnait que du bled, parce que la majeure partie des Romains vivait de farine en bouillie : on sait que Plaute désigne un ouvrier Romain par ces mots : *pultifaghus opifex*. Quoique ces pains répondissent à-peu-près à la quantité de bled de distribution, établie avant cette époque, ce Prince y ajouta une once de plus, au moyen d'un impôt dont il chargea l'Egypte sur le verre, le lin, le papier, les étoupes & autres marchandises que fournissait cette province. Les Romains n'éprouvèrent pas seuls sa libéralité ; il accorda une remise générale de tout ce qui était

attira particulièrement son attention. Le commerce de cette Province, infiniment accru par les soins de ce Firmus, qui, malgré ses vertus, ne doit être regardé que comme un usurpateur (165), ne pouvait échapper à sa pénétra-

dû d'ancienne date ; mais en cela il ne fit que suivre l'exemple de plusieurs autres Empereurs : cependant il ne voulut pas se montrer à moitié généreux : pour assurer la tranquillité des débiteurs, il fit brûler publiquement dans la place de Trajan, tous les titres de créance. Mais que produisaient ces différentes largesses ? elles ne servaient qu'à alimenter la fainéantise, énerver le courage & éteindre l'industrie. « *Paulatim enim effeminatur animus, atque in* » *simulitudinem otii sui & pigritiæ, in qua jacet, Solvitur* ». Aurélien fit aussi relever les murs de Rome qui tombaient de vétusté, & réparer les fortifications qui étaient en délâbre : » Urbem Romam muris firmioribus cinxit »: Eutrope, L. 9. Voyez aussi Vopiscus, Aurel. Vict. Trebell. & Zosime.

(165) C'était un allié de Zénobie, mais un allié dangereux par sa politique : il s'était enrichi par le commerce qu'il rendit très-florissant en Egypte. Outre les différentes manufactures de papier qu'il y avait établies, & qui lui rapportaient des benéfices immenses, il entretenait lui seul la Traite des Indes, que les Romains négligeaient encore. Enfin, il accrut tellement ses richesses & sa puissance, qu'il jugea à propos de se faire proclamer Empereur, ce qu'il obtint aisément des Alexandrins, peuple léger, railleur, & toujours avide de nouveauté ; mais Aurélien mit fin à ses intrigues & à son ambition. Vopiscus, in Aurelian.

tion. Les Réglemens qu'il rendit relativement aux marchandifes que l'on en tranfportait, donnent lieu de croire qu'il en fentit les avantages & l'utilité (166). Rome parut tout-à-coup fortir de fon néant. Si le règne de Tacite rendit au Sénat la puiffance qu'il avait perdue (167), celui de Probus ne fut ni moins néceffaire, ni moins utile au commerce : ce Prince s'en déclara ouvertement le protecteur, & ne négligea rien en effet de tout ce qui pouvait contribuer à fa propagation. Des ponts & autres ouvrages conftruits fur le Nil, pour faciliter le tranfport des marchandifes qui arrivaient en Egypte, auxquelles Alexandrie fervait de débouché ; le foin qu'il eut de faire ouvrir les embouchures de plufieurs rivières, afin que les vaiffeaux puffent plus facilement porter dans les Provinces l'abondance &

---

(166) Il prit un état exact de toutes les marchandifes qui venaient des Indes & de l'Egypte ; & pour mieux en faciliter le tranfport, il s'occupa particulièrement de la navigation du Nil & du Tibre. Voyez Vopifcus, *ibidem*.

(167) Il voulut que le Sénat jouît pleinement de fes anciennes prérogatives dont les Empereurs s'étaient emparés. Ce Prince fit auffi recevoir une ordonnance qui portait la peine de mort contre les Faux-monnoyeurs. Vopifc[illegible] ibid.) Florus.

la vie (168); tout annonçait les grands talens de l'Empereur, & l'Empire n'en était cependant pas mieux raffermi. Probus semblait découvrir la source de cette décadence; il jugeait que, pour donner entièrerement à Rome son ancienne splendeur, il fallait de nouveau inspirer à ses habitans l'amour du travail & de l'agriculture. Le calme apparent qui régnait dans l'occident (169), rendait le moment favorable. Les légions furent aussi-tôt choisies pour les instrumens de ses utiles projets; mais l'ordre qu'il leur donna de défricher des landes & des marais abandonnés, fut malheureusement celui de sa disgrace & de son trépas (170).

---

(168) Voyez Vopiscus & Zosime.

(169) Non-seulement il pacifia l'occident, mais il parvint même à appaiser les troubles qui régnaient dans l'orient. Vopiscus, (ibidem).

(170) Ce Prince, qu'on ne peut guère comparer qu'à Auguste, aurait sans doute ramené le siècle florissant de cet Empereur, s'il eût eu le tems d'exécuter les projets qu'il avait formés pour la propagation du commerce, & la félicité de ses peuples. L'expérience, cette boussole de tout homme sage, lui avait démontré que la principale ressource d'un Etat consiste dans le travail & l'industrie des individus qui le composent; en conséquence, il n'oubliait rien pour exciter l'émulation & inspirer le goût de l'acti-

On ne saurait douter que Rome n'eût augmenté, ou du moins conservé les branches de son commerce, & n'eût triomphé de tous les ennemis qui paraissaient agir de concert pour renverser sa puissance, si elle avait été toujours gouvernée par des Princes aussi éclairés, aussi justes & aussi bienfaisans que ceux dont je viens de parler. Ce que la sagesse, l'amour du bien public, & la plus saine politique venaient de produire, fut détruit en un moment par la faiblesse du Gouvernement, & la conduite des Empereurs, totalement opposées aux circonstances & aux loix fondamentales de l'Etat. Je passe rapidement sur le régne de Carus, qui n'est guère connu que par quelques victoires remportées

vité. Domitien avait défendu la culture des vignes, Probus la permit aux Gaulois, aux Espagnols & aux Pannoniens, & donna par-là naissance aux vins de Bourgogne, de Champagne & de Tokai. Ses troupes, en tems de paix, étaient continuellement occupées ou à dessécher les marais, ou à construire des ponts & rendre la navigation des rivières plus commode. Cette application qui, quelques siècles auparavant, l'aurait mis au rang des Dieux, fut cause de son trépas, & on ne doit pas en être surpris : il n'y avait plus de discipline à Rome, depuis que les vices s'étaient changés en mœurs. *Et desinit esse remedio locus*, dit Sénèque, Lett. 39, *ubi fuerant vitia mores sunt.* Voyez Vopiscus.

portées ſur les Sarmates & les Perſans. Je m'arrêterai un inſtant ſur celui de Dioclétien, qui, bien loin d'être favorable au commerce, le détruiſit entiérement. Veux-je porter mes regards ſur les Provinces de l'Empire, je vois par-tout le deſir de s'affranchir de la tyrannie ; je vois les Francs, les Saxons (171), chercher par-tout les flottes Romaines, les attaquer, & ravager, dans leurs incurſions & leurs pirateries, les côtes des Gaules, ſituées ſur la Manche (172) : je vois l'Angleterre arborer l'étendard de la rébellion aux yeux du maître du monde, & ſe ſoumettre à un uſurpateur qui jouit pendant un tems conſidérable des fruits de ſa trahiſon & de ſa perfidie (173) : je vois les Egyptiens, entraînés par

(171) Voyez Eutrope, L. 9 ; & Albert, Crantzius rerum Saxonicarum, ch. 16, p. 39.

(172) Ils entraient auſſi dans la Méditerranée, & ravageaient les côtes de la Sicile & de l'Afrique. Voyez Vopiſcus.

(173) L'auteur de ce ſoulèvement était un Officier de Marine nommé Carauſius, comblé de bienfaits par l'Empereur ; il eut ordre d'équiper une flotte à Boulogne, & de s'en ſervir pour donner chaſſe aux pirates Francs & Saxons, qui infeſtaient la Manche d'Angleterre. Il remp[illegible] ſa miſſion en homme de courage ; mais non pas avec fidélité On le ſoupçonna, avec quelque fondement, de tourner à ſon profit une partie des priſes qu'il faiſait ſur les corſai[illegible]

l'impulsion d'un rébelle, mettre tout en œuvre pour secouer un joug qui leur avait toujours paru odieux & tyrannique (174) : je vois enfin l'Afrique inondée de Barbares (175), l'Asie ravagée

---

res, & on prit en même-tems les mesures nécessaires pour le punir de sa malversation ; mais il en fut averti, & passa avec sa flotte dans la Grande-Bretagne, où il se servit des ressources devenues communes parmi ses semblables ; il usurpa le titre d'Empereur, s'associa aux pirates qu'il devait détruire, & parvint par ses manœuvres, à avoir une marine si formidable, que Maximien se vit forcé de traiter avec lui. Il jouit pendant sept ans des fruits de sa perfidie : Allectus, son collègue, s'étant défait de lui, gouverna l'Angleterre encore trois ans, après quoi elle rentra sous la puissance des Romains. Voyez Eutrope, L. 9 ; Aurel. Vict. & Pomponius Lætus in Diocletiano.

(174) A l'exemple de Firmus, Achillée avait pris à Alexandrie la dignité souveraine, & avait entraîné le reste des Egyptiens dans son parti ; mais l'Egypte était trop nécessaire aux Romains, pour qu'on la laissât jouir paisiblement des fruits de son usurpation. Dioclétien marcha contre lui, l'assiégea dans Alexandrie, s'en rendit maître, & punit ce peuple de son inconstance & de sa légéreté. Vopiscus, Pomp. Lætus. (*ibidem*)

(175) Africam Quinquegentiani infestarent, dit Eutrope, L. 9. Il paraît, & Scaliger, dans ses notes sur la Chronique d'Eusebe, le pense de même, que c'étaient des Peuples de la Lybie Pentapolitaine ; il fonde cette présomption sur les mots Πεντάπολις, & *Quinquegentiani*, qui ont, à-peu-près, la même signification.

par les Perses, la mer couverte de pirates, & les grands chemins, de brigands. Veux-je pénétrer dans les secrètes pensées de l'Empereur, je le vois flotter entre l'espérance & la crainte, & finir par partager sa puissance & son autorité (176). Ce démembrement de l'Empire, au lieu de ranimer le commerce expirant, ne fit que hâter le moment de sa destruction. On ne songea qu'à repousser les ennemis ; toutes les Provinces retentirent du bruit affreux des armes ; & le sang dont elles furent arrosées, mit un terme aux progrès de l'activité & de l'industrie : Rome touchait au moment de sa ruine. Si les victoires de Constantin furent pour elle un instant de faveur, la fondation de Constantinople diminua tellement son crédit (177), qu'il

(176) Diocletien, trop faible d'ailleurs pour gouverner avec gloire, jugea à propos de partager l'Empire ; il s'associa Maximien, surnommé Hercule, & lui donna le gouvernement de l'Orient. Il crut en cela agir en habile politique ; mais l'événement lui prouva le contraire : les deux Empereurs ne pouvant empêcher les incursions des barbares, furent obligés de créer deux Césars ; Dioclétien choisit Maximien-Galere, & Maximien, Constance Chlore. Tout le monde connaît les suites qu'eut cette nouvelle association ; elle ruina entièrement le Commerce.

(177) Cette ville, en devenant le siège de l'Empire,

ne lui resta plus que le souvenir de sa grandeur passée : loix, mœurs, industrie, commerce & liberté, tout fut perdu pour elle.

Ainsi périt cette république, qui a fait si long-tems, par la sagesse de sa constitution, l'admiration de l'Univers ; ainsi fut renversé cet Empire, dont les fondemens paraissaient inébranlables. Si les Romains ne dûrent point au Commerce leurs premiers accroissemens ; s'ils furent plutôt Conquérans que Négocians, c'est que, dans leur principe, les conquêtes leur étaient infiniment plus utiles que les richesses, qui ne servirent, en effet, qu'à détruire l'ordre que l'art de la guerre avait si bien établi. Le règne d'Auguste est le seul

---

ne pouvait que nuire beaucoup au commerce de Rome, qui se trouvait déja dans l'état le plus affreux. Il fallut d'abord la peupler, pourvoir ensuite à ses besoins, l'embellir pour y attirer les Etrangers ; tout cela ne pouvait se faire qu'au détriment de l'ancienne Rome. Les marchandises qui arrivaient d'Alexandrie aux ports de l'Italie, prirent la route de Constantinople, qui, par sa situation avantageuse s'empara bientôt du commerce de tout l'Orient. Les Marchands Gaulois & Espagnols y dirigèrent leurs courses : enfin, il fallut que Rome, qui se dépeuplait chaque jour, se contentât des provisions que lui fournissait l'Afrique : aussi devint-elle si isolée, qu'elle ne fut plus que l'ombre de ce qu'elle avait été.

qui ait réuni les avantages du Commerce à l'esprit militaire : aussi Rome fut-elle, à cette époque, redoutable par la force de ses armes, riche par son commerce, entiérement policée par sa législation & la munificence de son Souverain. Mais il n'était pas, sans doute, en son pouvoir de rester toujours la maîtresse du monde. L'esprit de conquête & l'esprit de commerce, qui s'excluent mutuellement, sur-tout sous un Gouvernement immodéré, devinrent bientôt incompatibles chez les Romains, qui ne furent, à leur tour, ni bons Négocians, ni braves Soldats, & qui finirent par succomber sous les coups redoublés que leur portèrent des Peuples qu'ils avaient si aisément attachés au même joug.

FIN.

APPROBATION.

J'AI lu, par ordre de M. le Garde-des-Sceaux, un Manuscrit ayant pour titre : *Dissertation sur l'état du Commerce des Romains*, &c., & je crois qu'on peut en permettre l'impression. A Paris, ce 15 Août 1787.

Signé LE CH. RICHARD DE LEDAN.

PERMISSION DU SCEAU.

LOUIS, PAR LA GRACE DE DIEU, ROI DE FRANCE ET DE NAVARRE, à nos amés & féaux Conseillers, les

Gens tenans nos Cours de Parlement, Maîtres des Requêtes ordinaires de notre Hôtel, Grand-Conſeil, Prévôt de Paris, Baillifs, Sénéchaux, leurs Lieutenans-Civils, & autres nos Juſticiers qu'il appartiendra : SALUT. Notre amé le ſieur BILHON, Nous a fait expoſer qu'il deſireroit faire imprimer & donner au Public, *une Diſſertation ſur l'Etat du Commerce des Romains*, s'il Nous plaiſoit lui accorder nos Lettres de permiſſion pour ce néceſſaires. A ces cauſes, voulant favorablement traiter l'Expoſant, Nous lui avons permis & permettons, par ces Préſentes, de faire imprimer ledit Ouvrage autant de fois que bon lui ſemblera, & de le faire vendre & débiter par-tout notre Royaume, pendant l'eſpace de cinq années conſécutives, à compter du jour de la date des Préſentes. Faiſons défenſes à tous Imprimeurs, Libraires & autres perſonnes, de quelque qualité & condition qu'elles ſoient, d'en introduire d'impreſſion étrangère dans aucun lieu de notre obéiſſance. A la charge que ces Préſentes ſeront enregiſtrées tout au long ſur le Régiſtre de la Communauté des Imprimeurs & Libraires de Paris, dans trois mois de la date d'icelles ; que l'impreſſion dudit Ouvrage ſera faite dans notre Royaume, & non ailleurs, en beau papier & beaux caractères ; que l'Impétrant ſe conformera en tout aux Réglemens de la Librairie, & notamment à celui du 10 Avril 1725, & à l'Arrêt de notre Conſeil du 30 Août 1777, à peine de déchéance de la préſente Permiſſion ; qu'avant de l'expoſer en vente, le manuſcrit qui aura ſervi de copie, à l'impreſſion dudit Ouvrage ſera remis dans le même état où l'Approbation aura été donnée ès mains de notre très-cher & féal Chevalier Garde-des-Sceaux de France, le ſieur DE LAMOIGNON, Commandeur de nos Ordres ; qu'il en ſera enſuite remis deux Exemplaires dans notre Bibliotheque publique, un dans celle de notre Château du Louvre, un dans celle de notre très-cher & féal Chevalier Chancelier de France, le ſieur DE MAUPEOU, & un dans celle dudit ſieur DE LAMOIGNON: le tout à peine de nullité des Préſentes; Du contenu deſquelles vous mandons & enjoignons de faire jouir ledit Expoſant & ſes ayans cauſe pleinement & paiſiblement, ſans ſouffrir qu'il leur ſoit fait aucun trouble ou empêchement. Voulons qu'à la copie des Préſentes, qui ſera imprimée tout au long, au commencement ou à la fin dudit Ouvrage, foi ſoit ajoutée comme à l'original. Commandons au premier notre Huiſſier ou Sergent ſur ce requis, de faire, pour l'exécution d'icelles, tous actes requis & néceſſaires, ſans demander autre permiſſion, & nonobſtant clameur de Haro, Charte Normande & Lettres à ce contraires. Car tel eſt notre plaiſir. Donné à Verſailles, le ſeizième jour du mois de Janvier, l'an de Grace mil ſept cent quatre-vingt-huit, & de notre Règne le quatorzième. Par le Roi, en ſon Conſeil.

Signé LE BEGUE.

Regiſtré ſur le Regiſtre XXIII de la Chambre Royale & Syndicale des Libraires & Imprimeurs de Paris, N.° 1324, Fol. 454, conformément aux diſpoſitions énoncées dans la préſente Permiſſion; & à la charge de remettre à ladite Chambre les neuf Exemplaires preſcrits par l'Arrêt du Conſeil du 30 Avril 1785. A Paris, le 29 Janvier 1788.

Signé CAILLEAU, *Adjoint.*

De l'Imprimerie de GRANGÉ, rue de la Parcheminerie. 1788.

ERRATA.

Page 20, *note* 25, Voyez la note (8); *lisez*, Voyez la note (10).

Page 27, *note* 37, Voyez la note (6); *lisez*, Voyez la note (8).

Page 51, *note* (72); *lisez*, (78).

Page 61, *note* (92), loix somptuaites *lisez*, loix somptuaires.

Page 75, Bebelmendel; *lisez*, Babelmandel.

Page 87, *note* 130, en pierreries: selon les livres Saints; *lisez*, en pierreries, selon les livres Saints:

Page 103, *note* 153, sur le mon Quirinal; *lisez*, sur le mont Quirinal.

Ibidem, l'Ampride; *lisez*, Lampride.

Page 104, *note* 154, l'Ampride; *lisez*, Lampride.

www.ingramcontent.com/pod-product-compliance
Ingram Content Group UK Ltd.
Pitfield, Milton Keynes, MK11 3LW, UK
UKHW021308190726
13839UKWH00007B/544